Anil Raj Kizha
Cornelis de Hoop

Produção de energia a partir de biomassa no Louisiana

Anil Raj Kizha
Cornelis de Hoop

Produção de energia a partir de biomassa no Louisiana

Um estudo GIS sobre a cadeia de abastecimento

ScienciaScripts

Cover image: www.ingimage.com

This book is a translation from the original published under ISBN 978-3-659-89768-9.

Publisher:
Sciencia Scripts
is a trademark of
Dodo Books Indian Ocean Ltd. and OmniScriptum S.R.L publishing group

120 High Road, East Finchley, London, N2 9ED, United Kingdom
Str. Armeneasca 28/1, office 1, Chisinau MD-2012, Republic of Moldova, Europe
Managing Directors: Ieva Konstantinova, Victoria Ursu
info@omniscriptum.com

Printed at: see last page
ISBN: 978-620-8-62129-2

AGRADECIMENTOS

É com grande prazer e entusiasmo que expresso a minha gratidão a todos aqueles que foram fundamentais para tornar esta dissertação possível e àqueles que fizeram da minha vida na Louisiana State University uma memória muito agradável. Guardá-la-ei sempre com carinho.

Em primeiro lugar, gostaria de expressar a minha mais profunda e sincera gratidão ao meu orientador principal, Dr. Cornelis de Hoop, pela sua orientação, encorajamento e paciência ao longo deste trabalho. Foi um privilégio trabalhar com um cavalheiro tão distinto e um profissional tão bem sucedido. Em seguida, expresso a minha gratidão aos membros do meu comité, Dr. Todd F. Shupe, Prof. Michael Wascom e Dra. Margaret A Reams, pelo seu tempo e ideias. E depois, há o Dr. Richard Vlosky, que esteve sempre disponível para me orientar desde o início até ao fim, e a quem agradeço muito.

O meu reconhecimento dificilmente ficará completo se não exprimir a minha mais sincera gratidão à minha mulher, Sibi Anil Raj, aos meus pais, ao meu irmão gémeo, Prem Raj Kizha, à minha irmã, Shalini Sujesh, e ao meu cunhado, Sujesh Maryath, por tudo o que me deram.

Por último, gostaria de agradecer a todos os que me desejaram felicidades durante esta importante fase da minha carreira académica.

ÍNDICE DE CONTEÚDOS

RESUMO

Um dos principais inconvenientes do combustível de biomassa é a sua natureza volumosa e o consequente custo elevado do transporte do combustível para a instalação onde a energia está a ser produzida. Por conseguinte, a cadeia de abastecimento de resíduos de biomassa desempenha um papel crucial na determinação da viabilidade financeira da produção de bioenergia. O transporte de biomassa para fins energéticos a mais de 50 milhas (80 km) não é considerado economicamente viável na maioria das condições. No cenário da energia da madeira, a distância máxima é mais frequentemente limitada a distâncias inferiores a 200 km entre a produção e o consumo (por estrada). Foi efectuado um estudo para determinar a produção de resíduos de exploração florestal e de resíduos agrícolas nas 64 freguesias do Louisiana e para comparar os três modos de transporte (frete) da biomassa lenhosa: ferroviário, rodoviário e marítimo. A produção média anual de resíduos de exploração madeireira no estado, de 2000 a 2010, foi estimada em cerca de 3.073.978 toneladas secas ósseas (TSA) e a de resíduos de culturas agrícolas em cerca de 6.773.985 TSA anuais (2005-2011).

A maior produção de resíduos de exploração madeireira situava-se nas freguesias do oeste e do norte do Louisiana, longe dos centros populacionais. A rede rodoviária era o principal meio de transporte. Para longas distâncias (superiores a cerca de 150 km), os complexos Mississippi/Red River podiam constituir uma fonte de transporte muito barata, seguidos do caminho de ferro, mas tinham o seu próprio conjunto de problemas logísticos. As redes fluviais ou ferroviárias eram limitadas para os principais produtores de resíduos da exploração madeireira (como Winn, Vernon, Bienville, Union, etc.) e para as freguesias utilizadoras. Relativamente aos resíduos agrícolas, as freguesias do nordeste e do centro, como Morehouse, Madison, Franklin, East Carroll e Pointe Coupee, foram as principais produtoras. A soja, o arroz, o milho e a cana-de-açúcar constituíam a maior parte da produção de resíduos agrícolas. Todas as principais freguesias agrícolas se situavam nas proximidades dos portos do Estado, o que as abria ao sistema fluvial.

PARTE I
RESÍDUOS DE EXPLORAÇÃO FLORESTAL

CAPÍTULO 1: INTRODUÇÃO

A energia é um fator-chave que determina o crescimento e a sustentabilidade de uma nação. Atualmente, os preços elevados do petróleo colocam em evidência a crescente dependência da nação em relação à energia importada. Em 2011, os Estados Unidos consumiram mais de 6 874 900 000 barris de petróleo. Isto representa cerca de 18 835 000 barris por dia, o que faz dos EUA o maior consumidor de petróleo do mundo. Mas a produção do mesmo ano foi de apenas 7 841 000 barris/dia. Tivemos de importar 8.436.000 barris/dia. No entanto, a boa notícia é que a dependência dos EUA do petróleo importado diminuiu drasticamente desde o pico registado em 2005. Esta tendência deve-se a múltiplas razões, incluindo um declínio no consumo, mudanças nos padrões de fornecimento, a recessão económica após a crise financeira de 2008, melhorias na eficiência, mudanças no comportamento dos consumidores e padrões de crescimento económico, etc. Outro fator desta diminuição foi a produção de biocombustíveis domésticos (EIA 2012). Há mais de milhares de anos que as pessoas queimam madeira para fins energéticos. A madeira foi a principal fonte de energia no mundo até meados do século XIX. Ainda hoje, a biomassa de madeira continua a ser uma importante fonte de energia em grande parte do mundo em desenvolvimento. A lenha e o carvão vegetal, juntamente com outros biocombustíveis como o bagaço, fornecem 10 a 15% da energia anual total do mundo. São principalmente utilizados para a produção de energia térmica, tanto nos países em desenvolvimento como nos países desenvolvidos (Hillring e Trossero 2006).

Nos Estados Unidos, a madeira e os resíduos de madeira (casca, serradura, aparas de madeira e restos de madeira) fornecem apenas cerca de 2% da energia que utilizamos atualmente. Cerca de 81% do combustível de madeira e de resíduos de madeira utilizado neste país é consumido pela indústria e pelas empresas comerciais (EIA 2005). O restante, principalmente a madeira, é utilizado nas habitações para aquecimento e para cozinhar. Historicamente, os processos de combustão da madeira eram sujos, com emissões não controladas de fumo, cinzas, monóxido de carbono, óxidos de azoto, hidrocarbonetos, etc. Mas, atualmente, com os sistemas de combustão modernos, as emissões são reduzidas, o que torna a produção de energia mais amiga do ambiente e mais eficiente (Hughes 2000). Em geral, a energia da madeira pode hoje ser utilizada para reduzir as emissões de gases com efeito de estufa, melhorar a saúde das florestas e proporcionar benefícios económicos às comunidades rurais (Langholtz *et al.* 2006).

A energia da madeira é uma fonte económica de energia quando o combustível é de custo muito baixo ou gratuito. Para tal, deve estar disponível como resíduo ou subproduto. A madeira utilizada para a produção de energia nos Estados Unidos provém principalmente da indústria dos produtos florestais, da exploração florestal e dos resíduos urbanos. Os resíduos de madeira são criados em todos os pontos da cadeia de abastecimento de produtos de madeira. Os resíduos da exploração florestal podem ser parcialmente recolhidos nos locais de exploração. A serradura e os cortes de madeira são resíduos perpétuos das serrações e fábricas de paletes na indústria primária de produtos de madeira. A indústria secundária fornece serradura, pó de lixadeira e aparas, todos eles normalmente secos em estufa. Todos estes resíduos de madeira podem ser vistos como uma fonte sustentável de produção de energia (Slaven *et al.* 2008). A madeira também pode ser convertida noutras formas de energia utilizáveis, como o gás metano ou combustíveis para transportes, como o etanol, o biodiesel, etc. Como desperdício ou resíduo das indústrias de produtos florestais, a biomassa pode tornar-se um recurso suficientemente grande para fornecer cerca de 3-5% da energia eléctrica produzida nos Estados Unidos.

A fim de aumentar a sua quota de energia de biomassa, o Louisiana adoptou várias políticas, como uma série de leis sobre energia limpa e incentivos fiscais para explorar os seus recursos de biomassa para a produção de energia. Isto proporciona ao estado amplas oportunidades para a expansão das energias renováveis e ajudou-o a desenvolver um padrão de carteira renovável. O Estado anunciou planos para uma fábrica de pellets de madeira, no valor de 124 milhões de dólares, que produziria 450 000 toneladas métricas por ano de pellets de madeira para serem enviados como bioenergia para a Europa. Prevê-se que a fábrica crie até 100 novos postos de trabalho diretos e 273 novos postos de trabalho indirectos e que gere $12,9 milhões em novas receitas fiscais estatais e $9,6 milhões em novas receitas fiscais locais nos próximos 10 anos. O Louisiana ocupa o terceiro lugar em resíduos florestais, com 3.384 toneladas métricas por ano, e o nono lugar em recursos primários de moagem, com 3.577 toneladas métricas por ano. O estado tem um recurso acumulado de 143.054 toneladas métricas por ano (ACRE 2011 p52).

1.1. Beneficiários

Do ponto de vista da economia da produção, os resíduos de madeira para a produção de energia têm muitas vantagens. Trata-se normalmente de um subproduto ou resíduo do produto principal e ajuda a cobrir os custos marginais (Lunan 1997). Assim, a biomassa é barata e pode competir com o preço instável do gás, baixando o custo de produção.

Além disso, este tipo de produção de energia desempenha um papel vital no sistema de gestão de resíduos, uma vez que encontra um valor económico para os produtos residuais, que de outra forma seriam considerados resíduos. Quando os furacões Katrina e Gustav atingiram o estado do Louisiana em 2005 e 2009, respetivamente, toneladas de resíduos de madeira foram enviadas para aterros. Assim, a futura produção de energia a partir de resíduos de madeira poderia ser combinada com projectos de gestão de resíduos (Hughes 2000).

Foram efectuados muitos estudos para investigar a influência do combustível nos custos totais e também na utilização de resíduos de madeira (como resíduos industriais, madeira de demolição e produtos de madeira) (Dornburg *et al.* 2001). O aumento da utilização da produção de energia a partir da biomassa pode resolver múltiplos estrangulamentos ambientais, ecológicos e socioeconómicos (PIU 2001 e Upreti 2004). A infraestrutura energética da biomassa pode também contribuir para reforçar as economias industriais ou acelerar o declínio das comunidades rurais (Paine *et al.* 1996).

No cenário ambiental, a energia da madeira é geralmente superior à do carvão em termos de concentrações de enxofre, azoto, cinzas e outros metais tóxicos. As excepções existem, mas podem ser identificadas e controladas. Mas quando a biomassa de madeira é comparada com o gás natural, não pode reivindicar qualquer vantagem inerente em termos de emissões, exceto no que diz respeito às emissões de gases com efeito de estufa.

Outro problema de perceção da energia da biomassa, para além da combustão, é a utilização das florestas.

As florestas estão a expandir-se nos Estados Unidos. A biomassa florestal líquida está atualmente a aumentar cerca de 3 por cento ao ano. Só no Louisiana, os proprietários de terras (industriais e não industriais) reflorestam a terra todos os anos com mais de 128 milhões de plântulas, uma média de 410 000 árvores por dia (semana de seis dias) e, pelo menos, 29 árvores por cada cidadão do Louisiana (o recenseamento oficial de 2000 indica uma população estatal de 4 468 876) (LFA 2011).

1.2. As florestas do Louisiana

O Louisiana tem 14 milhões de acres de cobertura florestal, o que constitui cerca de 50 por cento da área terrestre do estado , tornando-o o maior uso único da terra. Quase 59 das 64 freguesias do estado contêm terras capazes de produzir madeira suficiente para apoiar a indústria de produtos florestais. Isto faz com que as indústrias florestais sejam o segundo maior empregador da indústria transformadora, proporcionando cerca de 12.694 empregos em 2010. Para além disso, cerca de 8.000 pessoas estão empregadas na colheita e transporte de madeira. Estima-se que existam 148.000 proprietários de terrenos florestais no Louisiana. Os proprietários privados não industriais detêm 81% das terras florestais do estado; as indústrias de produtos florestais detêm 10% e o público detém 9% (LFA 2011).

Em 2010, foram produzidos 811,9 milhões de pés de tábua de madeira para serração e 6,3 milhões de cordas de madeira para polpa. Os proprietários florestais do Louisiana receberam 396,8 milhões de dólares em receitas de abate de árvores. Os empreiteiros de madeira do Louisiana e os seus empregados receberam 426,6 milhões de dólares em receitas brutas. A silvicultura foi responsável por 57% do valor total de todos os produtos vegetais cultivados no estado, incluindo algodão, cereais forrageiros, fruta, soja, cana-de-açúcar e outros. O impacto da silvicultura e das indústrias de produtos florestais na economia em 2010 foi de 3,1 mil milhões de dólares (LFA 2011).

O Estado tem cerca de 180 instalações de produtos florestais primários, incluindo serrações, fábricas de contraplacado, fábricas de painéis, fábricas de folheados e fábricas de pasta/papel. Um subproduto natural desta indústria são os resíduos de biomassa sob a forma de casca, aparas de madeira e pó de serra. Em conjunto, produzem mais de quinze milhões de toneladas de resíduos de madeira por ano. A maior parte destes resíduos é utilizada pelos produtores para as suas próprias necessidades energéticas (como a madeira serrada, os fornos de secagem ou os secadores de folheados) e o restante é vendido a outras fábricas, frequentemente a fábricas de pasta de papel e de papel que co-geram eletricidade. Ainda assim, cerca de 8.255 toneladas anuais não são utilizadas.

Existem cerca de 750 instalações de produtos florestais secundários (que incluem fabricantes de mobiliário, fabricantes de armários, fábricas de carpintaria e outras que utilizam os produtos produzidos pelas indústrias primárias utilizadoras de madeira), produzindo cerca de 7.655 toneladas de resíduos de madeira anualmente. Estes incluem aparas de madeira seca, serradura e pó de lixa, tornando-os ideais para energia ou para modificar e colar noutros produtos. Os resultados da indústria de produtos florestais de 2008 mostraram que a maioria da madeira produzida na indústria não foi utilizada. A maior parte da indústria de produtos florestais primários utilizou os seus resíduos na produção de energia. No entanto, no sector secundário, quase noventa por cento dos resíduos foram para aterros. A principal razão para a não utilização de resíduos de madeira no sector secundário deveu-se a uma produção comparativamente pequena, distribuída por todo o estado. Além disso, o custo do transporte impedia que fosse uma opção viável. A falta de informação sobre os produtores e consumidores também foi um fator importante. Em contrapartida, havia indústrias que tinham uma grande demanda por resíduos de madeira como combustível no estado. No entanto, entre 1994 e 2008, registou-se um aumento drástico da utilização de resíduos de madeira na indústria de produtos florestais (Kizhakkepurakkal 2008).

O combustível de biomassa lenhosa utilizado atualmente para fins energéticos provém essencialmente de resíduos e detritos de madeira, a maioria dos quais tem origem em operações florestais industriais e outras operações de abate de árvores realizadas para outros fins. Em alguns casos, a biomassa lenhosa provém de operações de gestão florestal (desbaste) realizadas com o objetivo específico de melhorar a saúde e o valor da floresta. A colheita destes resíduos florestais, deixados após as operações florestais, pode ser considerada. No entanto, esta colheita pode causar a depleção de nutrientes e afetar a produtividade a longo prazo da floresta. Mais uma vez, estas actividades podem não ser economicamente viáveis. No que respeita aos resíduos recolhidos pela indústria de produtos florestais, presume-se que apenas três quartos da madeira cortada são transformados em produtos finais. O quarto restante é constituído por subprodutos como a casca, a serradura, as aparas de madeira e o licor negro, que podem servir como combustíveis potenciais para fins energéticos. Esta fração de subprodutos disponíveis, ou seja, 25% da madeira redonda abatida, é uma aproximação grosseira. Na realidade, varia de região para região, dependendo do tipo de indústria de produtos florestais, da sua estrutura, do grau de desenvolvimento tecnológico e de outros factores. Por exemplo, no fabrico mecânico de pasta de papel, cerca de 95-97% da matéria-prima de madeira descascada é convertida em produto, ao passo que nos processos químicos esse valor é de cerca de 50%, sendo a maior parte da outra metade da madeira utilizada para energia sob a forma de licor negro. No Louisiana existem 8 fábricas de pasta de papel que produzem mais de 14.000 toneladas de pasta de papel por ano (Quadro 1). Nas serrações, cerca de 25-30% dos toros serrados são utilizados para fins energéticos (Savolainen e Berggren 2000 e Ericsson e Nilsson 2006 p4).

Tabela 1. Fábricas de pasta de papel do Louisiana, por processo e capacidade, 2009 (Johnson e Steppleton 2011)

Location	Company	AP	S	GM	SC	SS
DeRidder	Boise Cascade Corporation	1975	1300	675	-	-
Bogalusa	Temple-Inland, Inc.	2383	2383	-	-	-
Port Hudson	Georgia-Pacific Corporation	1920	1920	-	-	-
St. Francisville (2011)			800 All from Gloster MS chipmill			
Mansfield	International Paper Company	2958	1957	2	1001	-
West Monroe	Graphic Packaging International, Inc.	1831	1630	-	201	-
Hodge	Smurfit-Stone Container Corporation	1500	1500	-	-	-
Campti	International Paper Company	1134	1134	-	-	-
Total		14501	11284	675	1202	-

(Todos os processos- AP, Sulfato-S, Madeira moída e outros processos mecânicos-GM, Semi-químico-SC, Soda e sulfito-SS)

1.3. Preocupações

Há uma série de factores que impedem o crescimento da produção de energia a partir da madeira, sendo o teor de humidade um fator muito significativo. Uma vez que a madeira contém água, o seu teor de humidade determina o poder calorífico bruto disponível a partir de um determinado combustível lenhoso. O teor de humidade é

expressa de duas formas. Alguns investigadores, particularmente engenheiros e químicos, utilizam a base húmida, enquanto outros, incluindo cientistas da madeira, utilizam a base seca. Com a base húmida, o teor de humidade é calculado dividindo o peso da água pelo peso total, incluindo o peso da madeira e da água. Com a base seca, o teor de humidade é calculado dividindo o peso da água pelo peso seco da madeira (Westphal 1983, e Patterson e Zinn 1990).

O valor dos resíduos de madeira depende, portanto, do facto de estarem verdes (húmidos) ou secos. A maior parte dos resíduos de madeira é geralmente verde, incluindo as aparas fornecidas pelas principais fábricas de madeira. As aparas peletizadas são mais secas, mas estão menos disponíveis. A utilização de pellets de madeira, que foram comprimidos e secos antes da combustão, quase duplica a quantidade de unidades térmicas britânicas (BTUs) por tonelada, em comparação com os resíduos de madeira em bruto. O custo da produção de eletricidade a partir de resíduos de madeira é função do preço da madeira e do custo do seu transporte, bem como do equipamento de produção e dos custos de manutenção associados (Kent e Risch 2006).

Na Europa, a maior parte dos recursos de resíduos de madeira não utilizados encontra-se em pequenas explorações privadas, o que dificulta a sua mobilização (Comissão das Comunidades Europeias 2005). Isto coincide com a situação prevalecente na indústria de produtos florestais secundários também no Louisiana, onde a principal razão para a não utilização de resíduos de madeira foi identificada como sendo a produção comparativamente pequena e o facto de os resíduos de madeira produzidos estarem amplamente distribuídos pelo estado. A falta de informação sobre os produtores e os consumidores também desempenhou um papel importante. Uma vez organizado o mercado, este pode beneficiar instalações ou pontos com recursos de resíduos de madeira inexplorados (Kizhakkepurakkal 2008).

1.4. Transportes

Uma das principais preocupações quando se analisa a viabilidade financeira da produção de energia a partir da biomassa lenhosa é o preço do transporte. Quando os custos de transporte são tidos em conta, os recursos mais dispendiosos nas proximidades podem ser economicamente mais competitivos do que os recursos mais baratos mais afastados, e vice-versa (Langholtz et.al. 2006). Lindholm e Berg (2005) mostraram que, na cadeia de abastecimento de madeira, desde a criação de plântulas até à entrega da madeira, o transporte de longa distância da madeira para os locais de transformação (transporte secundário) é responsável pela maior proporção de energia utilizada (54%, em comparação com 35% no abate de árvores e 11% na silvicultura). Esta situação é bastante semelhante à do mercado energético dos resíduos de madeira. Em países como a Suécia, aproximadamente 20% de todo o transporte doméstico por camião está relacionado com a indústria florestal (Swedish Institute for Transport and Communications Analysis 2004 e Lindholm e Berg 2005). Existem vários factores importantes que devem ser considerados para aumentar a produtividade dos camiões. Estes incluem (Bolding 2008):

1) Distância de transporte

Uma taxa típica de corte e transporte varia de US$ 12 a US$ 16 por tonelada, com base nos requisitos e na dificuldade da colheita. Esta tarifa pode incluir um transporte mínimo de 50 milhas. Se os produtos tiverem de ser entregues fora do limite das 50 milhas, pode ser fornecido um incentivo extra de $0,10-$0,12 por tonelada por cada milha adicional.

2) Carga útil

Este é definido como o peso real dos resíduos de madeira transportados e é calculado como o peso bruto do veículo (peso carregado) menos a tara (peso vazio)

3) Tempo de carregamento

Este tempo pode ser gerido pelo contratante e deve ser minimizado para melhorar a eficiência.

4) Tempo de descarga

Os condutores de camiões têm frequentemente de esperar muito tempo para descarregar, o que resulta num aumento do tempo de rotação do camião. Este facto pode reduzir drasticamente a produtividade dos camiões e aumentar o

custos de transporte.

5) Variação do peso da carga

As leis de regulação do peso nas auto-estradas regem os limites de peso para os camiões. Os limites de peso variam consoante o estado e podem mudar frequentemente, uma vez que estas leis são dinâmicas. O peso bruto máximo atual (GVW) para produtos florestais não manufacturados na maior parte dos estados é de 80.000 libras, sendo que alguns estados têm limites de excesso de peso. Para melhorar a eficiência dos camiões, estão a ser envidados esforços para aumentar os GVW máximos.

Outros factores que desempenham um papel fundamental no transporte por camião são a seleção e a correspondência dos camiões para um desempenho mais eficiente. Alguns dos factores importantes nesta secção são: tipo de carga, peso do camião e restrições de carga e peso, tipo de terreno - plano, montanhoso, com curvas, etc., tipo de estrada - pública, privada, etc., distância de transporte, frequência do volume - fluxo consistente, periódico ou disperso; requisitos de segurança - travagem. No caso dos resíduos de madeira, são normalmente preferidas as carrinhas de recolha de aparas.

Mas há muitos outros critérios de produtividade que estão fora do controlo dos empreiteiros, como o aumento dos preços dos combustíveis e as distâncias de transporte. No entanto, muitos factores determinantes, como a maximização da carga útil, a minimização do tempo de carregamento e a redução da variabilidade do peso da carga, são controláveis e devem ser considerados para melhorar a eficiência do transporte rodoviário no sector (Bolding 2008).

Inicialmente, o transporte rodoviário de resíduos de madeira em bruto a mais de 80 km (50 milhas) não era considerado economicamente viável (Brower *et al.* 1993 e Paine *et al.* 1996). Além disso, os mercados são geograficamente limitados (Lunan 1997). Por conseguinte, a oferta em locais remotos pode não ser adequada para exploração devido aos elevados custos de acesso (Fischer e Schrattenholzer 2001). Assim, é sempre melhor encontrar um mercado local para a biomassa, se possível, para que o consumo de energia associado ao transporte de combustível de madeira a longas distâncias possa ser reduzido.

Atualmente, a constatação de que a produção de eletricidade a partir de biomassa lenhosa não era economicamente competitiva foi sublinhada por um relatório de dezembro de 2005, elaborado para a Associação Americana de Florestas e Papel, que examinou os custos da energia produzida a partir de biomassa em comparação com a produzida a partir de carvão em todo o país (Bowyer *et al.* 2006). A partir de 1987, o custo dos resíduos de madeira foi inferior ao dos outros combustíveis quando comparados numa base de unidade térmica britânica (Btu) equivalente (em 1987, o custo de um milhão de Btu era de 1,12 dólares para resíduos de madeira seca, 5,63 dólares para o gás natural e 7,50 dólares para o petróleo) (Brock *et al.* 1987 e Patterson e Zinn 1990). Em 2011, o Pellet Fuel Institute informou que os pellets de madeira são mais eficientes em termos de preço e energia quando comparados com outros recursos de combustível, como o fuelóleo, o gás natural, o carvão, etc. Por conseguinte, o combustível de madeira é um combustível estável em termos de custos e competitivo em termos de preços. Um estudo alemão chegou a uma conclusão semelhante ao comparar os parâmetros ambientais dos resíduos agrícolas ou florestais, dos combustíveis líquidos e dos vectores sólidos de bioenergia, como as florestas de curta rotação. Concluiu-se que, tendo em conta todos os parâmetros examinados, como as emissões de gases com efeito de estufa, os produtos de madeira devem ser favorecidos, enquanto os biocombustíveis líquidos tendem a ser menos aconselháveis, uma vez que a taxa de eficiência global é inferior (Forsberg 2000). Atualmente, devido à procura cada vez maior de energia, os combustíveis de biomassa de madeira estão a ser transportados através de continentes.

Por esta razão, 80% dos pellets de madeira fabricados no Canadá são exportados para a Europa, apesar de 800 000 toneladas de pellets de madeira serem produzidas anualmente na Europa (Magelli *et al.* 2009). Consequentemente, devido a esta elevada procura, os pellets de madeira estão a ser enviados da América do Norte para a Europa numa distância de cerca de 15.500 km. Este transporte, do ponto de vista ambiental, tem sido fundamentado, desde que sejam utilizados transportadores modernos; a bioenergia pode ser considerada um artigo comercializado a longas distâncias (Forsberg 2000)

No entanto, nos Estados Unidos, quase todas as 800.000 toneladas de pellets de madeira produzidas são consumidas internamente (Magelli *et al.* 2009). Aqui, o camião e o caminho de ferro são os meios de transporte mais disponíveis e convenientes. Na Louisiana, devido ao rio Mississippi, o transporte por água é também uma opção potencial. Mas o facto de o sistema rodoviário no estado ser muito eficiente torna-o a escolha popular de transporte. O sistema de transporte rodoviário também desempenha um papel importante na geração de receitas públicas. Estima-se que cada camião de toros carregado paga o equivalente a 835 dólares em impostos locais, estaduais e federais (LFA 2011).

1.5. Distribuição geográfica da procura e da oferta

A integração eficiente de percentagens crescentes de recursos renováveis na produção de energia requer informação sobre as variações espaciais e temporais na disponibilidade dos vectores de energia. A seleção do local e a disponibilidade de recursos dos resíduos de madeira a uma certa distância do local da central têm sido o ponto central de várias optimizações (Faaij *et al.* 1997 e Voivontas *et al.* 2001). No que respeita à biomassa de madeira, a variação espacial é crucial para estimar o potencial de uma determinada área e os custos da biomassa para a produção de energia (Gehrung e Scholz 2009).

Os estudos de informação geográfica (SIG) são considerados uma ferramenta eficiente e útil para avaliar as áreas de aquisição de madeira e os custos de transporte (Young *et al.* 1991, Brewington *et al.* 2001, e Chalmers *et al.* 2003). Num estudo realizado em Creta, na Grécia, o abastecimento de biomassa e as caraterísticas foram avaliados para estimar o custo de transporte, bem como a seleção do local para o desenvolvimento de culturas energéticas (Sidiras e Koukios 1996, e Voivontas *et al.* 2001). O estudo mostrou que o conhecimento espacial das diferentes entidades é crucial para estimar o custo de transporte e assim determinar as opções mais económicas. O SIG foi também aplicado para identificar locais potenciais para a criação de indústrias que utilizem a madeira para produzir energia no Sul da Tailândia (Krukanont e Prasertsan 2004). Neste estudo, foram também desenvolvidos modelos matemáticos para determinar o custo máximo acessível do combustível e a capacidade óptima da central eléctrica para um determinado local de uma área conhecida, com base na disponibilidade de combustível. O SIG também pode ser utilizado como ferramenta para uma avaliação padronizada dos potenciais de biomassa disponíveis localmente. Na Andaluzia (Espanha), o local ideal para uma central de biomassa foi identificado através da estimativa dos potenciais de biomassa ao nível da comunidade e do cálculo da biomassa total disponível para cada pixel num raio de 25 km do pixel (Domı'nguez e Marcos 2000, e Gehrung e Scholz 2009).

Uma investigação semelhante que envolveu a utilização de SIG foi realizada na Europa, onde o Instituto de Termodinâmica Técnica do Centro Aeroespacial Alemão (DLR) fez um inventário dos recursos energéticos solares, eólicos, de biomassa, geotérmicos e hídricos, a fim de descobrir qual a combinação de energias renováveis que pode satisfazer a procura de eletricidade de forma mais rentável. Este inventário de elevada resolução espacial e temporal exigiu uma utilização alargada do SIG (Gehrung e Scholz 2009). Os EUA dispõem também de uma extensa base de dados de inventário florestal, e estes dados relativos às florestas estão facilmente disponíveis na Internet com vários níveis de pormenor. Também foram desenvolvidos métodos para converter os dados de volume do inventário dos EUA em biomassa acima e abaixo do solo (Cairns *et al.* 1997, Schroeder *et al.* 1997, Brown e Schroeder 1999, e Brown *et al.* 1999). Os dados GIS dos recursos florestais que forneceram materiais foram mesmo utilizados para localizar os locais apropriados e determinar a dimensão das centrais eléctricas.

Em geral, os ambientes SIG são utilizados para criar, armazenar, recuperar, atualizar e apresentar objectos, atributos e métodos geográficos. As entidades geográficas são modeladas num ambiente SIG como objectos de pontos, linhas ou polígonos. Estes atributos são então armazenados como campos da base de dados e são referenciados aos objectos geográficos correspondentes. Cada objeto geográfico e os seus atributos representam um registo na base de dados. Um conjunto de registos referentes a objectos com os mesmos atributos representa uma tabela, que pode ser apresentada como um mapa (objectos geográficos) ou como um navegador (campos de dados). Os mapas assim produzidos podem fornecer uma representação visual do padrão de densidades e reservatórios de resíduos de madeira ao longo do espaço, que pode ser fundamental na tomada de decisões e na gestão destes recursos (Brown *et al.* 1999). Os mapas podem ser utilizados para estimar a produção e a utilização de resíduos de madeira. Os métodos disponíveis num ambiente SIG fornecem as ferramentas para lidar com operações geográficas, definir uma conetividade mínima entre diferentes conjuntos de objectos e efetuar cálculos de bases de dados com o objetivo de expandir as interações dos objectos. O utilizador pode criar diferentes conjuntos de objectos definidos com base em caraterísticas comuns e desenvolver modelos para cálculos exaustivos utilizando a estrutura integrada de comportamentos de objectos. É óbvio que os ambientes SIG não são apenas extensões das capacidades dos sistemas de bases de dados convencionais, mas um ambiente dinâmico capaz de acomodar e tratar estruturas de dados geográficos complicadas e fornecer informações completas (Clementini e Di Felice 1994, Voivontas *et al.* 1998, e Voivontas *et al.* 2001 p.107).

1.6. Referências

Conselho Americano para as Energias Renováveis (ACRE). 2011. Renewable Energy in America: Markets, Economic Development and Policy in the 50 States. Atualização da primavera de 2011. Washington, DC. p 52.

Associação Americana de Florestas e Papel. 2005. Biomass Study - Final Report. 6 de dezembro.

Bolding,C. 2008. Melhorar a eficiência dos camiões no sector florestal. Sawmill & Woodlot. Contribuição técnica n.º 5444 da Estação Experimental da Universidade de Clemson. março de 2008. p 26-31.

Bowyer, J. L., Howe, J. e K. Fernholz. 2006. Biomass Energy - From Farms To Forests An Emerging Opportunity For Rural America [Energia da Biomassa - Das Quintas às Florestas - Uma Oportunidade Emergente para a América Rural]. Dovetail Partners, Inc. Disponível online em http://www.agmrc.org/media/cms/FeasabilityofProducingEthanolFromBi4B53523F56DEE.pdf; acedido em 26 de setembro de 2011.

Brewington, R. Williams, R. e J. Earl. 2001. Modelo de custos de deslocação para determinar zonas de aquisição utilizando o SIG In: Hardwoods - an underdeveloped resource? Monticello, Arkansas. Centro de Recursos Florestais do Arkansas. p 144-147.

Brock, S.M., Patterson, D.W. e J.O. Raun. 1987. Economic feasibility of cogeneration at sawmills in West Virginia (Viabilidade económica da cogeração em serrações na Virgínia Ocidental). WV Ag & For Exper. Stat. Boletim 697. p29.

Brown, S. L., Schroeder, P. e J. S. Kern. 1999. Spatial distribution of biomass in forests of the eastern USA (Distribuição espacial da biomassa nas florestas do leste dos EUA). Forest Ecology and Management 123(1999): 81-90.

Brown, S., e P.E. Schroeder. 1999. Spatial distribution of aboveground production and mortality of woody biomass for eastern US forests (Distribuição espacial da produção acima do solo e da mortalidade da biomassa lenhosa nas florestas do leste dos EUA). Ecological Application 9(3):968-980.

Cairns, M.A., Brown, S. Helmer, H.E. e G.A. Baumgardner. 1997. Root biomass allocation in the world's upland forests. Oecologia 111: 1-11.

Chalmers, S., Hartsough, B. e M. DeLasaux. 2003. A GIS-Based Tool for Estimating Supply Curves for Forest Thinnings and Residues to Biomass Energy Facilities in California (Ferramenta baseada em SIG para estimar curvas de fornecimento de resíduos e desbastes florestais para instalações de energia de biomassa na Califórnia). Contrato WRBEP número 55044.

Clementini E, e P.Di Felice. 1994. Modelação de dados geográficos orientada para objectos. Journal of the American Society for Information Science 45(9): 694-704

Comissão das Comunidades Europeias. 2005. Comunicação da Comissão - Plano de ação Biomassa. Bruxelas, 7.12.2005 COM(2005) 628 final.

Domi'nguez, J. e M.J. Marcos. 2000. Análise do potencial de produção de energia de biomassa na região de Andaluci'a (Espanha) Sistemas de Informação Geográfica. GIS aplicado para avaliar a energia da biomassa em Andaluci'a (Espanha). Madrid, Espanha: Centro de Investigação Ambiental, Energia e Tecnologia (CIEMAT).

Dornburg, V., Andre P.C., e Faaij, 2001. Efficiency and economy of wood fired biomass energy systems in relation to scale regarding heat and power generation using combustion and gasification technologies, Biomass and Bioenergy 21 (2001): 91-108.

Administração da Informação sobre Energia (EIA). 2005. Disponível online em http://www.eia.doe.gov/ kids/energyfacts/sources/renewable/morebiomass.html; acedido em 26 de setembro de 2011.

Administração da Informação sobre Energia (EIA). 2012. *Petroleum* (Data de publicação: 30/05/2012) Disponível online em http://www.eia.gov/energyexplained/index.cfm?page=oil home#tab2; avaliado em 11.3.2011.

Ericsson, K. e L. J. Nilsson. 2006. Assessment of the potential biomass supply in Europe using a resource-focused approach (Avaliação da oferta potencial de biomassa na Europa utilizando uma abordagem centrada nos recursos). Biomassa e Bioenergia 30 (2006): 1-15.

Faaij A, J. Doorn, T. Curvers, L.Waldheim, E. Olsson, A. Wijk, e C. Daey-Ouwens. 1997 Characteristics and availability of biomass waste and residues in the Netherlands for gasification (Caraterísticas e disponibilidade de resíduos e detritos de biomassa nos Países Baixos para gaseificação). Biomass and Bioenergy 12(4): 225-240.

Fischer, G., e L. Schrattenholzer. 2001. Global bioenergy potentials through 2050. Biomass and Bioenergy (20): 151-159.

Forsberg, G. 2000. Biomass energy transport Analysis of bioenergy transport chains using life cycle inventory method. Biomassa e Bioenergia (19): 17-30.

Gehrung, J. e Y. Scholz. 2009. The application of simulated NPP data in improving the assessment of the spatial distribution of biomass in Europe. Biomass and Bioenergy 33(2009): 712 - 720.

Hillring, B., e M. Trossero. 2006. International wood-fuel trade - an overview, Energy for Sustainable Development, Volume X No. 1.

Hughes, E. 2000. Biomass co-fring: economics, policy and opportunities. Biomass and Bioenergy (19): 457- 465.

Johnson, T.G. e C.D. Steppleton. 2011. Produção de madeira de celulose do Sul 2009. Boletim de Recursos da Estação de Investigação do Sul SRS-168. Serviço Florestal do Departamento de Agricultura dos Estados Unidos. janeiro de 2011.

Kent, C., e C. Risch. 2006. Relatório final: Innovative Energy Opportunities in West Virginia [Oportunidades Inovadoras de Energia na Virgínia Ocidental]. Centro de Pesquisas Empresariais e Económicas, Marshall University. Huntington, Virgínia Ocidental.

Kizhakkepurakkal, A. R. 2008. Oportunidades e desafios associados ao desenvolvimento da produção de energia a partir de biomassa de madeira no Louisiana. Tese de mestrado, Universidade Estadual de Louisiana, Baton Rouge, Louisiana, EUA.

Krukanont, P., e S. Prasertsan. 2004. Geographical distribution of biomass and potential sites of Rubber wood fired power plants in Southern Thailand. Biomass and Bioenergy (26): 47-59.

Langholtz, M., Carter, D., Marsik, M. e R. Schroeder. 2006. Measuring the Economics of Biofuel [Medindo a Economia do Biocombustível]. Disponível online em http://www.esri.com/news/arcuser/1006/biomass1of2.html; acedido em 26 de setembro de 2011.

Lindholm, E.L., e S. Berg. 2005. Necessidade de energia e impacto ambiental no transporte de madeira. Scandinavian Journal of Forest Research (20):184-191.

Associação Florestal do Louisiana (LFA). 2011. 2011 Louisiana Forestry Facts. Disponível em linha em http://www.laforestry.com/site/Portals/0/documents/2011%20Forest%20Facts.pdf; acedido em 10.10.2011.

Lunnan, A. 1997. Agriculture-based biomass energy supply- a survey of economic issues. Energy Policy 25(6): 573-582.

Magelli, F., Boucher, K., Bi, H.T., Melin, S. e A. Bonoli. 2009. Uma avaliação do impacto ambiental dos pellets de madeira exportados do Canadá para a Europa. Biomass and Bioenergy (33): 728-744.

Paine, L.K., Peterson, T.L., Undersander, D.J., Rineer, K.C., Bartelt, G.A., Temple, S.A., Sample, D.W. e R.M. Klemme. 1996. Some ecological and socio-economic considerations for biomass energy crop production. Biomass and Bioenergy10 (4): 231242.

Instituto de Combustíveis de Paletes. 2011. Disponível online em http://pelletheat.org/pellets/compare-fuel-costs/; acedido a 29.08.11.

Patterson, D.W., e G.W. Zinn. 1990. Wood Residues as on Energy Resource Part I: Λ Review of Technologies. Agricultural and Forestry Experiment Station, WestVirginia University. Boletim 703 junho 1990 p4.

Unidade de Desempenho e Inovação (PIU), 2001. Renewable Energy in the UK-Building for the Future of Environment. Performance Innovation Unit, Cabinet Office, Governo do Reino Unido.

Savolainen V, e H. Berggren. 2000. Wood fuels basic information pack, Benet, Energy Dale, Universidade de Jyvaskyla, Jyvaskyla.

Schroeder, P., Brown, S., Mo, J., Birdsey, R. e C. Cieszewski. 1997. Biomass estimation for temperate broadleaf forests of the US using forest inventory data (Estimativa de biomassa para florestas temperadas de folha larga dos EUA usando dados de inventário florestal). Forest Science (43):424-434.

Sidiras, D., e E.G. Koukios. 1996. Bio base: uma base de dados para a gestão da biomassa a nível nacional e regional. Conferência Europeia sobre Bioenergia, Copenhaga, 1996.

Slaven, I., Haviarova, E. e K. Ileleji. 2008. Sources of wood & wood residues for energy production in Indiana (Fontes de madeira e resíduos de madeira para produção de energia em Indiana). Industrial Biotechnology spring. p64-66. Disponível online em http://www.extension. purdue.edu/extmedia/ID/ID-347-W.pdf ; acedido em 26 de setembro de 2011.

Instituto Sueco de Análise de Transportes e Comunicações. 2004. Disponível em linha em http://www.sika-institute.se/english_fr.html; acedido em 1 de março de 2004.

Upreti, B. 2004. Conflict over biomass energy development in the United Kingdom: Some observations and lessons from England and Wales, Energy Policy (32):785-800.

Voivontas, D., Tsiligiridis, G. e D. Assimacopoulos. 1998. Solar potential for water heating explored by GIS. Solar Energy 62(6):419-427.

Voivontas, D., Assimacopoulos, D. e E.G. Koukios. 2001. Assessment of biomass potential for power production: a GIS based method Biomass and Bioenergy 20(2001):101-112.

Westphal, J.L. 1983. Uma discussão sobre a redução da humidade do combustível e métodos de secagem para caldeiras a lenha. Relatório apresentado na reunião de outono da Divisão Técnica Ocidental da APA, 22 de setembro de 83- P-lO, 12 pp.

Young, T.M., Ostermeier, D.M., Thomas, J.D. e R.T. Brooks. 1991. The economic availability of woody biomass for the Southeastern United States (A disponibilidade económica da biomassa lenhosa para o Sudeste dos Estados Unidos). Bioresource Technology (37):7-15.

CAPÍTULO 2: OBJECTIVOS E METODOLOGIA

O SIG foi utilizado para atingir os objectivos, mas a informação utilizada para obter os dados foi compilada a partir de diferentes fontes.

2.1. Objetivo I

Determinar a produção de resíduos de exploração madeireira no estado da Louisiana.

2.1.1. Métodos adoptados

Para atingir este objetivo, os dados relativos à produção de madeira foram obtidos a partir dos dados relativos à taxa de corte compilados pelo Departamento de Agricultura e Silvicultura do Louisiana. O Louisiana Timber and Pulpwood Production Report, publicado pelo Louisiana Department of Agriculture and Forestry (2012) - Office of Forestry, era um relatório anual sobre o total de produtos florestais cortados e as receitas fiscais recebidas por freguesia e espécie, bem como sobre os valores estimados do tronco. O Gabinete das Florestas, a Comissão Florestal do Louisiana, o Departamento de Receitas e Impostos do Louisiana e a Comissão Fiscal do Louisiana recolheram dados num esforço de cooperação.

Os dados utilizados para este estudo foram de 2000 a 2010. Os resíduos da exploração madeireira (galhos e copas) são basicamente os materiais deixados no local após o corte de pinheiros (*Pinus* spp.) e madeiras de lei para madeira e celulose. Neste caso, foram obtidos a partir dos dados de produção de madeira. A madeira serrada de pinheiro (pés de tábua, escala Doyle) foi convertida em toneladas secas ósseas (TBS). Embora os resíduos estivessem verdes no local, esta conversão foi efectuada para obter a sua massa seca. No caso do pinheiro, estes valores foram calculados multiplicando a produção anual de madeira redonda de pinheiro (segundo os dados da taxa de corte) por 13,98% (Johnsson 2001) e depois convertidos em toneladas secas. 1 MBF de Pine Doyle Scale pesava 8 toneladas e cada cordão de Chip-N-Saw pesava 2,7 toneladas (Louisiana Dept. of Agriculture and Forestry 2010). Além disso, a madeira fresca tinha um teor de humidade de 50 por cento (metade de água).

Da mesma forma, para estimar os resíduos de exploração madeireira deixados nos bosques após o abate de madeira de folhosas (folha larga) e de madeira para pasta de papel, a madeira para serração de folhosas (pés de tábua, escala Doyle) foi primeiro convertida em toneladas secas equivalentes. Os valores foram calculados multiplicando a produção anual de madeira em toro de folhosas (segundo os dados da taxa de corte) por 59,65% (Johnsson 2001) e convertidos em toneladas secas. Partiu-se do princípio de que mil pés de tábua (MBF) de madeira de folhosas para serração pesavam 9,5 toneladas e um cordão de madeira de folhosas para polpa pesava 2,85 toneladas, com um teor de humidade de 50 por cento (Louisiana Dept. of Agriculture and Forestry 2010). Esta foi a equação utilizada para estimar a produção de resíduos de exploração madeireira (Quadro 2).

Quadro 2. Equação para o resíduo do abate de árvores (de Hoop e Clement 2008)

	Equation
Pine BDT	[(Pine sawtimber MBF.doyle) x 8] + [Pine pulpwood cord x 2.7] * 0.5
Hardwood BDT	[(Hardwood sawtimber MBF.doyle) x 9.5] + [Hardwood pulpwood cord x 2.85] * 0.5
Pine Chip-N-saw BDT	Chip-N-saw cord x 2.7 * 0.5
Pine Residue BDT	(Pine sawtimber BDT + Pine pulpwood BDT + Chip-N-Saw BDT) * 0.1398
Hardwood Residue BDT	(Hardwood sawtimber BDT + Hardwood pulpwood BDT) * 0.5965
Total logging Reside BDT	Pine Residue BDT + Hardwood Residue BDT

BDT - Tonelada seca

Para determinar a produção de resíduos da exploração florestal de pinho e de madeira de folhosas nas diferentes freguesias do Estado, os dois tipos de madeira foram tratados separadamente e representados num mapa. Além disso, para estimar a produção total de resíduos de exploração madeireira do Estado, foram somados os resíduos de exploração madeireira de pinho e de folhosas de cada freguesia. Posteriormente, foi calculada a média da produção anual de cada freguesia entre 2000 e 2010 para obter a produção média total. Esta produção média total foi utilizada para estimar as regiões (freguesias) máximas produtoras de resíduos de madeira no Estado.

2.2. Objetivo II

Comparar os três diferentes modos de transporte (mercadorias), nomeadamente o ferroviário, o rodoviário e o marítimo

2.2.1. Dados recolhidos

Para comparar os três modos diferentes de transporte (mercadorias), nomeadamente o ferroviário, o rodoviário e o marítimo, que eram os sistemas de transporte mais utilizados no Estado, e determinar o modo de transporte mais eficaz entre eles, foram incluídos no estudo os seguintes dados SIG

- Mapa digital dos limites administrativos das 64 freguesias do Louisiana.
- Mapa digital da cidade, localização e outros dados demográficos.
- Mapa digital da indústria de produtos florestais no Estado.
- Mapa digital de estradas, caminhos-de-ferro e transportes por água.

Os diferentes conjuntos de dados utilizados para esta investigação foram recolhidos nos sítios Web http://lagic.lsu.edu, http://www.atlas.lsu.edu/ e outros. Todos os ficheiros eram dados vectoriais. Alguns dos ficheiros mais importantes e as suas finalidades são descritos a seguir:

- National Waterway Network (Rede Nacional de Vias Navegáveis) - Este conjunto de dados era uma base de dados exaustiva da rede de vias navegáveis da nação nos Estados Unidos e arredores. Era utilizado principalmente para estudos analíticos do desempenho das vias navegáveis, para compilar estatísticas do fluxo de mercadorias e para fins de cartografia. Os dados foram compilados pelo Vanderbilt Engineering Center for Transportation Operations and Research and Innovative Technology Administration's Bureau of Transportation Statistics (RITA/BTS). Foi publicado em 2006.

- Portos (USACE) - Este conjunto de dados contém informações físicas sobre instalações comerciais nos principais portos costeiros, dos Grandes Lagos e interiores dos EUA. Os dados consistiam em listas das instalações portuárias da zona ribeirinha, incluindo informações sobre ancoradouros, gruas, armazéns de trânsito, elevadores de cereais, fábricas de reparação marítima, áreas de frotagem e instalações de atracagem e armazenamento. O US Army Corps of Engineers e o RITA/BTS publicaram os dados em 2006.

- Portos de calado profundo - Os dados foram compilados pelo Departamento do Louisiana Transportation and Development (LA DOTD) em 2007. O conjunto de dados forneceu a localização geral dos portos de calado profundo no Louisiana.

- Portos de calado raso - Compilado pelo LA DOTD em 2007, o conjunto de dados forneceu a localização geral dos portos de calado raso no Louisiana.

- Instalações Terminais Intermodais - Os dados foram compilados pelo RITA/BTS. Esta base de dados pública consistia em instalações intermodais, carga, mercadoria e direccionalidade. A base de dados baseou-se nos requisitos do inquérito sobre o fluxo de mercadorias e nos diferentes modos do DOT, supervisionados pelo RITA/BTS. A base de dados alargaria a sua conceção para apoiar todos os modos no âmbito do DOT e em referência aos modos envolvidos na transferência intermodal. Foi publicada em 2006.

- Caminhos-de-ferro dos Estados Unidos - Esta camada de mapa inclui caminhos-de-ferro nos Estados Unidos e no Alasca. O Atlas Nacional dos Estados Unidos compilou-a em 2005.

- Caminhos-de-ferro no Louisiana - Caminhos-de-ferro no Louisiana compilados pelo LA DOTD em 2006.

- Rede Ferroviária Nacional - Os dados foram compilados pelo RITA/BTS em 2006.

- Auto-estradas estatais - Este conjunto de dados representa a rede rodoviária mantida pelo Estado do Louisiana, compilada pelo LA DOTD em 2007.

- Sistema rodoviário interestadual em Louisiana

- Principais cidades do Louisiana

- Águas costeiras do Louisiana

- Principais massas de água no Louisiana

2.2.2. Métodos adoptados

Todos os dados do governo federal estavam no Sistema de Coordenadas Geográficas (GCS), enquanto o governo estadual preferiu o Universal Transverse Mercator (UTM). Uma vez que a área de estudo se situava em Louisiana, todos os shapefiles GCS foram "projectados" para UTM. Todos os seus sistemas de coordenadas foram verificados no ArCatalogue antes de serem carregados no mapa ArcGIS. Em seguida, os dados foram verificados para determinar a área que cobriam. As várias formas de shapefiles federais continham dados relativos a toda a nação, tais como os caminhos-de-ferro, as vias navegáveis e as shapefiles portuárias. Estes foram recortados utilizando o mapa da paróquia do Louisiana (LA Map). Isto ajudou-nos a obter os dados para a área de estudo.

Alguns ficheiros de forma, como as polilinhas dos caminhos-de-ferro federais, foram posteriormente fundidos com as polilinhas do Estado. No entanto, os ficheiros shapefiles dos portos de águas profundas não foram fundidos com os portos de águas pouco profundas. Isto foi feito para abstrair a informação sobre as rotas comerciais interestaduais e internacionais de combustíveis de biomassa. Os seguintes ficheiros shapefiles foram recortados.

1. Rede Nacional de Vias Navegáveis

2. Portos (USACE)

3. Instalações do Terminal Intermodal

4. Caminhos-de-ferro dos Estados Unidos

Estes ficheiros recortados foram posteriormente comparados com conjuntos de dados shapefile semelhantes de diferentes origens. Os que apresentavam grandes diferenças foram examinados de perto. Os metadados revelaram-se muito úteis nesta fase. Certas shapefiles foram então fundidas com os dados estatais (por exemplo, Portos (USACE) e Rede Nacional de Vias Navegáveis passaram a designar-se Merge Ports).

Em seguida, a folha de cálculo dos resíduos de madeira foi compilada a partir do inquérito à indústria de produtos florestais realizado em 2008 e da tabela de resíduos de exploração madeireira preparada para cada freguesia. O inquérito à indústria continha informações sobre os resíduos de madeira produzidos, utilizados e vendidos no estado do Louisiana. A tabela continha ainda mais informações sobre as indústrias que os produziam. Para este estudo, foi dada importância aos dados das freguesias. Os dados foram organizados de forma a encaixarem na tabela de atributos da shapefile Louisiana Parish (LA_parish). Posteriormente, a folha de Excel foi unida ao ficheiro LA_parish. Os campos que não são pertinentes para o estudo foram eliminados. Isto incluiu colunas como idade grupo, educação, rendimento, etc. Finalmente, a nova tabela de atributos foi exportada para criar um novo ficheiro de forma chamado Wood_LA para registos permanentes. O ficheiro shape Wood_LA foi também desenvolvido para analisar a produção de resíduos de madeira por freguesia, a sua utilização e a quantidade descartada. Todos os dados de transporte, como vias navegáveis, sistema viário e rede ferroviária do estado seriam sobrepostos. Para que todas as outras caraterísticas ficassem claras, a camada Madeira_LA receberia uma transparência de 25%. A camada Wood_LA foi também identificada pelo nome das freguesias.

2.3. Objetivo III

Identificar os pontos críticos para a utilização de resíduos de madeira

2.3.1. Métodos adoptados

Para encontrar os pontos críticos de utilização de resíduos de madeira, os endereços das fábricas de celulose no estado foram recolhidos do inquérito à indústria de produtos florestais de 2008 (Kizhakkepurakkal 2008). Utilizando estes endereços, as fábricas de celulose foram posteriormente geo-codificadas para encontrar a localização exacta no mapa. Os endereços que não correspondiam foram reexaminados em linha. Posteriormente, foi acrescentada uma margem de 60 milhas à localização das fábricas de pasta de papel para mostrar as áreas de onde estas empresas obtinham as suas matérias-primas.

2.4. Análise dos dados

A estatística descritiva simples foi utilizada para descrever, estimar a produção e a utilização do material dos resíduos da exploração florestal para a produção de energia a partir da biomassa lenhosa. A ANOVA foi usada para mostrar se havia uma diferença significativa na produção do resíduo da exploração madeireira entre anos e entre freguesias.

Os dados obtidos foram codificados e introduzidos no computador. Foram utilizados pacotes estatísticos baseados no Excel para gerir e analisar os dados através de testes de relações entre variáveis. A introdução dos dados foi acompanhada de perto para garantir a sua exatidão. As técnicas estatísticas foram utilizadas para discernir as diferenças nas respostas entre as partes interessadas e os dois tipos de indústria de produtos florestais, analisando os dados e

ajudou na elaboração de conclusões e recomendações.

2.5. Referências

de Hoop, C. F. e C. E. C¼ment. 2008. Woody Biomass Supplies in Vicinity of the Port of Alexandria, Louisiana. A Summary by the Louisiana Forest Products Development Center, School of Renewable Natural Resources, Louisiana State University Agricultural Center, Baton Rouge.

Johnsson, T. G. 2001. United States Timber Industry-An Assessment of Timber Product Output and Use, 1996. Um documento técnico de apoio. The 2000 USDA Forest Service RPA Assessment. Estação de Investigação do Sul. Serviço Florestal do Departamento de Agricultura dos EUA. setembro de 2001

Kizhakkepurakkal, A. R. 2008. Oportunidades e desafios associados ao desenvolvimento da produção de energia a partir de biomassa de madeira no Louisiana. Tese de mestrado, Universidade Estadual da Louisiana, Baton Rouge, Louisiana, EUA

Departamento de Agricultura e Florestas do Louisiana. 2010. Valores de abate de madeira - Ano civil de 2011. I:\Docs\Stumpage\stumpval03.Tax .March 11, 2010

Departamento de Agricultura e Florestas do Louisiana. 2012. The Louisiana Timber and Pulpwood Production Report (Relatório de produção de madeira e celulose da Louisiana). Disponível online em http://www.ldaf.la.gov/portal/Offices/Forestry/ForestryReports/tabid/449/Default.aspx Último acesso em 5/01/2012

CAPÍTULO 3: RESULTADOS

3.1. Produção média de resíduos da exploração madeireira

A produção total média de resíduos de exploração madeireira entre 2000 e 2010 foi de aproximadamente 3.073.978 toneladas secas de ossos (BDT). Freguesias como Winn (158 404 BDT), Vernon (154 955 BDT), Bienville (142 258 BDT), Union (141 772 BDT), Beauregard (133 322 BDT) e Sabine (130 248 BDT) lideraram a produção de resíduos da exploração madeireira no estado. Estas freguesias, em conjunto, produziram cerca de 28% do total de resíduos de exploração madeireira. Todas essas freguesias estavam localizadas nas partes oeste e norte do estado (Fig. 1).

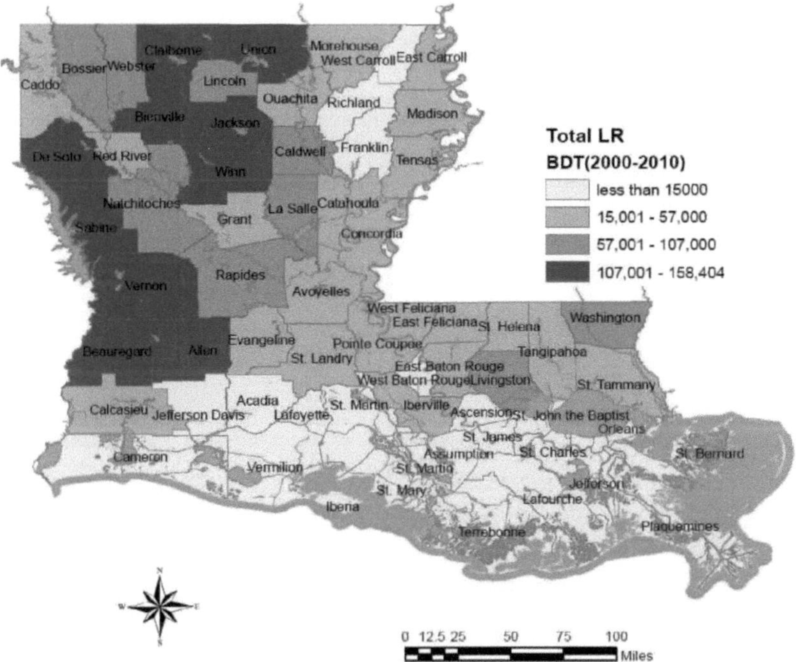

Figura 1. Produção média total de resíduos de exploração madeireira na Louisiana (2000-2010)

No que diz respeito aos resíduos da exploração florestal de pinheiros, a produção total média foi estimada em cerca de

1.464.831 BDT. Mais uma vez, os maiores produtores foram Vernon (113,417 BDT), Winn (96,990 BDT), Beauregard (97,383 BDT), Sabine (92,753 BDT) e Bienville (83,348 BDT). Produziram cerca de 33% dos resíduos de exploração de madeira de pinho. No entanto, os resíduos da exploração madeireira de folhosas constituíram cerca de 52% do total de resíduos da exploração madeireira produzidos no Estado. Relativamente aos resíduos de madeira de folhosas, a produção média total no Estado entre 2000 e 2010 foi de 1 609 147 BDT, sendo os principais produtores Union, Claireborne, Winn, Bienville e De Soto. **3.2. Análise estatística**

A ANOVA efectuada sobre a produção média total de resíduos de exploração madeireira revelou que não houve diferença significativa (P= 0,92) entre os anos. A produção total ao longo dos anos de 2000 a 2010, quando plotada em um gráfico (Fig. 2), mostrou uma diminuição geral, porém houve um pico durante 2003 e 2006. A produção de resíduos de exploração madeireira é diretamente proporcional à produção de madeira no Estado. Além disso, a produção de madeira é influenciada pelo mercado, pela economia, pelas políticas, pelo clima, etc.

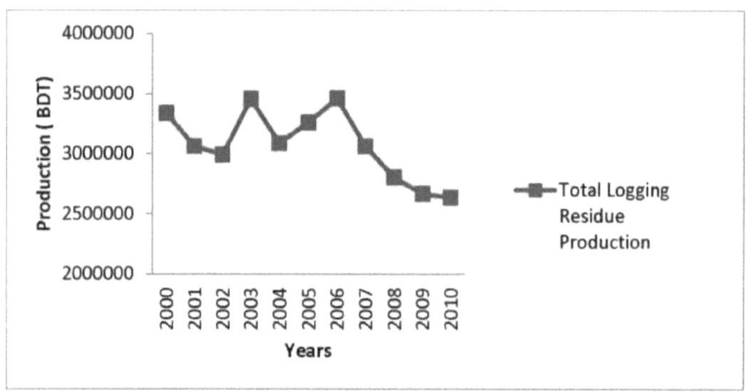

Figura 2. Resíduos de exploração madeireira produzidos na Louisiana (2000-2010)

No entanto, a ANOVA efectuada entre as freguesias mostrou uma diferença significativa (P ∞ 0) para todos os parâmetros analisados, tais como a média do resíduo de abate total, o resíduo de abate de folhosas e o resíduo de abate de pinheiros. Esses resultados indicam que um suprimento bastante consistente pode ser assegurado a partir das principais paróquias produtoras, como Vernon, Winn, Beauregard, etc. Estes dados podem também ser utilizados para localizar um centro de recolha para reunir os resíduos de exploração madeireira produzidos nessas freguesias. A localização óptima do centro de recolha pode ser obtida a partir dos mapas. Factores como os pontos de produção, a distância até ao ponto de transporte mais próximo, a disponibilidade de um meio de transporte fiável, o custo global do transporte, etc., podem ser considerados para determinar a localização do ponto de recolha. Este ponto facilitará o transporte dos resíduos de exploração madeireira para o ponto de utilização final.

Os resultados do SIG incluíam vários mapas, que mostravam os resíduos de exploração madeireira produzidos em todas as freguesias do estado, as três opções diferentes de transporte para os resíduos de exploração madeireira e a utilização de resíduos de madeira industriais. Os mapas adicionais incluíam as opções de transporte para a freguesia que produzia e utilizava o maior volume de resíduos de madeira e uma zona tampão de 60 milhas para as fábricas de celulose no estado.

A fim de determinar a produção de resíduos da exploração florestal de pinheiros e de folhosas nas diferentes freguesias do Estado, ambos os tipos de madeira foram tratados separadamente e representados num mapa. O mapa (Fig. 3) mostrava a distribuição das árvores no Estado, segundo a qual a parte ocidental do Estado tinha uma boa densidade de pinheiros, enquanto a parte nordeste e centro-sul era dominada por espécies de folhosas.

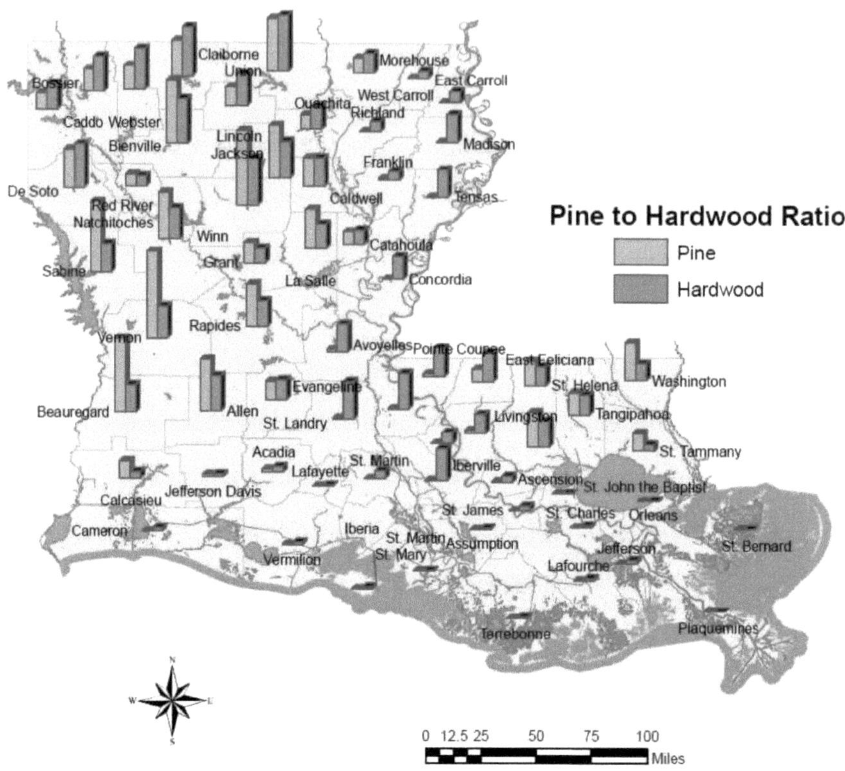

Figura 3. Rácio entre resíduos de abate de pinheiros e de folhosas no Louisiana (2000-2010)

3.3. Transportes

Uma vez extraído da floresta, o resíduo da exploração florestal tem de ser transportado de alguma forma para uma instalação de conversão energética. Isto leva-nos ao próximo objetivo do estudo - avaliar o meio de transporte mais eficiente. Quando os custos de transporte são tidos em conta, os recursos mais dispendiosos nas proximidades podem ser economicamente competitivos com os recursos mais baratos mais distantes, e vice-versa (Langholtz *et.al.* 2006). Mais uma vez, os mercados são geograficamente limitados (Lunan 1997). Por conseguinte, a oferta em locais remotos pode não ser adequada para exploração devido aos elevados custos de acesso (Fischer e Schrattenholzer 2001).

Os três principais meios de transporte no Louisiana eram o sistema rodoviário, ferroviário e fluvial.

3.3.1. Estradas

O sistema rodoviário do estado era de longe a forma mais extensa de transporte. O estado possuía um total de 98.009 km de estradas públicas, mais de 75% delas rurais (Citidata 2000). As estradas ligavam todas as principais freguesias produtoras de resíduos madeireiros do estado (Fig. 4). O Estado tinha 6 interestaduais primárias ou 2dis: 10, 12, 20, 49, 55, 59; e 6 secundárias ou 3dis: 110, 210, 310, 510, 610 e 220.

Mas o sistema rodoviário também apresentava algumas limitações: era considerado o que mais energia consumia entre os três sistemas de transporte considerados. Mais de 47% das estradas principais do Louisiana estavam em mau ou medíocre estado e 28% das principais auto-estradas urbanas estavam congestionadas. Este facto pode ser crítico na determinação do custo dos transportes.

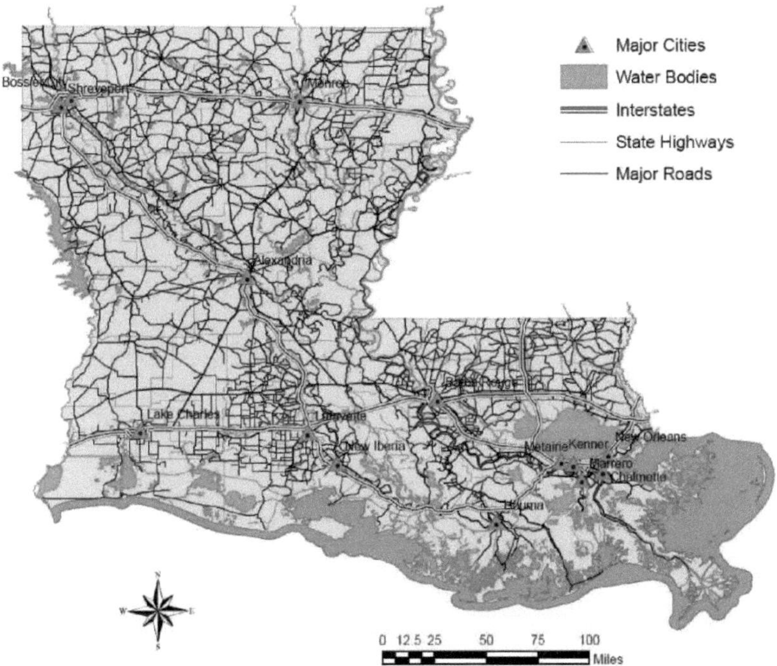

Figura 4. Sistemas rodoviários no Louisiana

3.3.2. Caminhos-de-ferro

O estado tinha cerca de 2.699 milhas de vias férreas em serviço de transporte de mercadorias e havia 17 caminhos-de-ferro de mercadorias em funcionamento. Infelizmente, tal como a maioria dos outros estados, o Louisiana também estava a perder quilómetros de caminhos-de-ferro. Em 1999, a madeira e os produtos de madeira representavam apenas 3,4 por cento da tonelagem total transportada, mas a pasta de papel, o papel e os produtos afins representavam 6,8 por cento do tráfego ferroviário do estado (Wilbur Smith Associates 2003). Apesar de os caminhos-de-ferro serem considerados o meio de transporte terrestre mais económico, apenas algumas das principais freguesias produtoras tinham acesso a eles. Mas a maioria destas freguesias tinha um terminal ferroviário num raio de 50 milhas dos seus limites (Fig. 5). Os principais terminais ferroviários nas proximidades destas freguesias são:

1. Terminal Yellow Shreveport LA
2. Armazém alfandegado Murphy
3. Caddo Bossier Porto
4. Terminal amarelo de Alexandria LA
5. Monroe Warehouse LA Terminal
6. Porto de Lake Charles
7. Terminal portuário de Lake Charles

Este era o principal meio de transporte há 25 anos atrás. Mais tarde, porém, a indústria da madeira passou do transporte ferroviário para o transporte rodoviário. Os principais problemas associados aos sistemas ferroviários eram

- Falta de disponibilidade de carruagens
- Calendário de entrega
- Custo da construção de caminhos-de-ferro

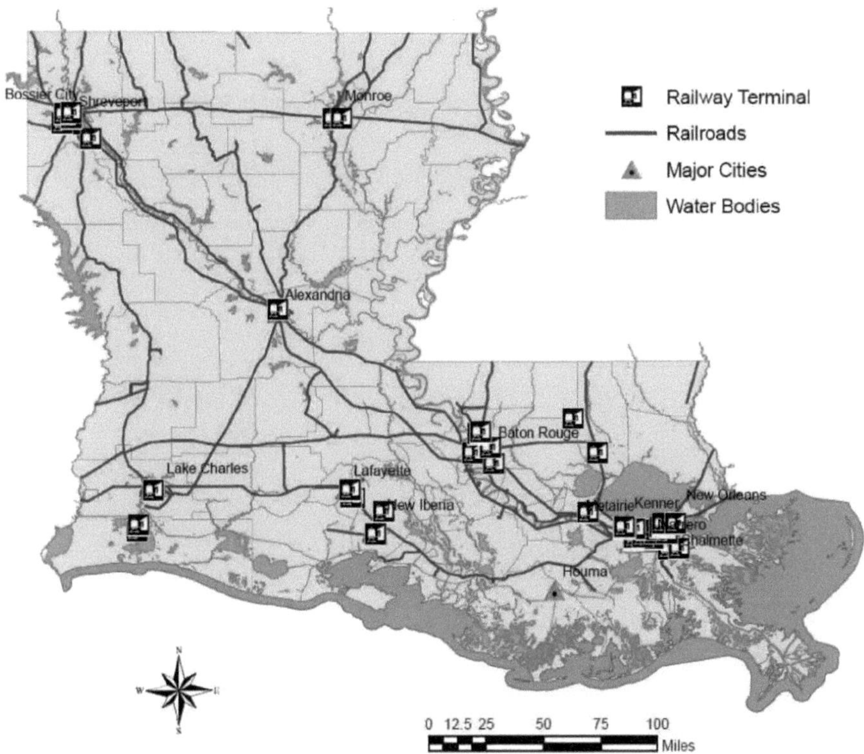

Figura 5. Caminhos-de-ferro no Louisiana

3.3.3. Sistema de vias navegáveis

Este é considerado o modo de transporte mais rentável e

O Louisiana foi abençoado com muito boas vias navegáveis. As águas navegáveis do estado consistem em mais de 2 800 milhas de águas navegáveis, o que o torna o único a seguir ao Alasca, e uma vasta rede portuária que inclui 39 entidades públicas e várias docas e terminais privados. Das 64 freguesias do estado, 44 tinham um sistema de águas navegáveis (Shaw Environmental and Infrastructure 2007). Mas, também aqui, a maioria das freguesias produtoras de resíduos da exploração madeireira tinha pouca ligação a cursos de água. O rio Red era a principal via navegável que atravessava a faixa de alta produção de madeira no estado (Fig. 6). Alguns dos portos localizados nas proximidades das freguesias com maior produção de resíduos madeireiros eram (Tabela 3)

- Portos de grande profundidade-Lake Charles Harbor e Greater Baton Rouge Port

- Portos de águas rasas - Porto de Caddo Bossier, Porto da Paróquia de Red River, Porto da Paróquia de Natchitoches, Autoridade Portuária Regional de Alexandria e Porto de Columbia

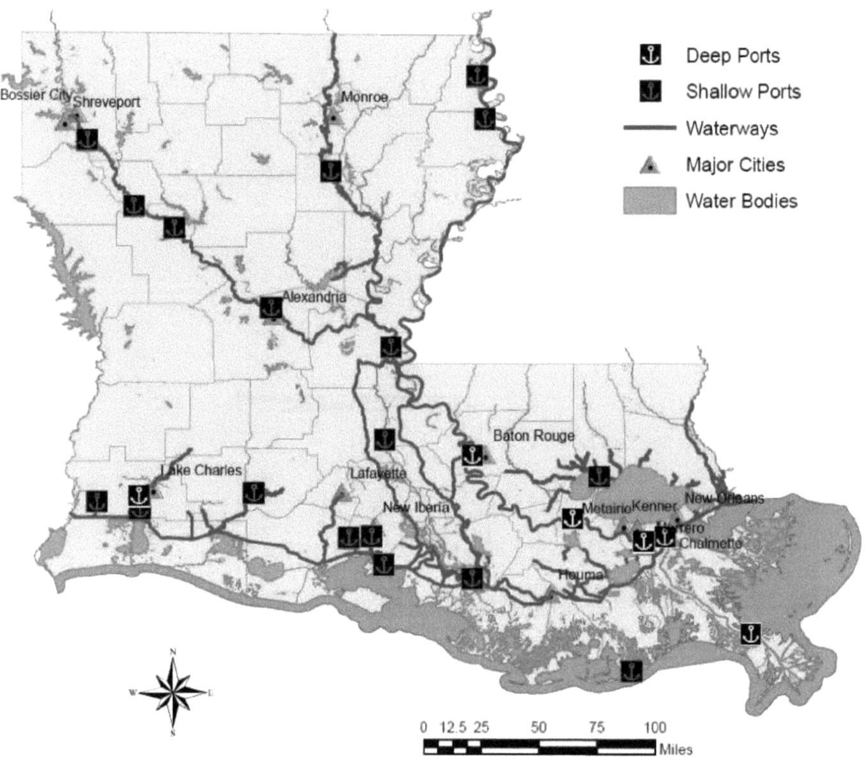

Figura 6. Cursos de água navegáveis no Louisiana

Tabela 3. Portos próximos das zonas de produção de madeira (Shaw Environmental and Infrastructure 2007)

Port Common Name	Legislated Name	Waterway
Port of Greater Baton Rouge	Greater Baton Rouge Port Commission	Lower Mississippi River
Port of Lake Charles	Lake Charles Terminal and Harbor District	Calcasieu River
Port of Alexandria	Alexandria Regional Port Authority	Red River
Port of Shreveport-Bossier	Caddo-Bossier Parishes Port Commission	Red River
Port of Columbia	Columbia Port Commission	Ouachita/Black Rivers
Natchitoches Parish	Port Natchitoches Parish Port Commission	Red River
Red River Parish	Port Red River Parish Port Commission	Red River

3.4. Referências

CitiData. 2000. Disponível em http://www.city-data.com/states/Louisiana-Transportation.html último acesso em 16/05/2012

de Hoop, C. F. e C. E. C¼ment, 2008. Woody Biomass Supplies in Vicinity of the Port of Alexandria, Louisiana. A Summary by the Louisiana Forest Products Development Center, School of Renewable Natural Resources, Louisiana State University Agricultural Center, Baton Rouge.

Fischer, G., e L. Schrattenholzer. 2001. Global bioenergy potentials through 2050, Biomass and Bioenergy 20 (2001) 151-159.

Langholtz, M., Carter, D., Marsik, M., e R. Schroeder. 2006. Measuring the Economics of Biofuel Availability, http://www.esri.com/news/arcuser/1006/biomass1of2.html=

Lunnan, A. 1997. Agriculture-based biomass energy supply- a survey of economic issues, EnergyPolicy, Vol. 25, No. 6, pp. 573-582, Publicado por Elsevier Science Ltd.

Shaw Environmental and Infrastructure. 2007. Louisiana Marine Transportation System Plan State Project No 750-99-0130, Department of Transportation and Development, Baton Rouge, Louisiana

Wilbur Smith Associates. 2003. Louisiana Statewide Rail System Plan. Departamento de Transportes e Desenvolvimento da Louisiana

CAPÍTULO 4: DEBATE

Os Estados Unidos são um dos maiores produtores e consumidores mundiais de produtos florestais. O consumo total de produtos de madeira nos EUA aumentou desde meados da década de 1960, 43% em madeira serrada, 32% em contraplacado, 45% em madeira para pasta de papel e 33% em lenha. No entanto, o consumo per capita de produtos de madeira nos EUA manteve-se relativamente estável, oscilando entre 60 e 83 pés cúbicos por pessoa por ano, de 1965 a 2005. A produção cresceu 44% durante este período. Atualmente, o consumo de produtos de madeira nos EUA excede a sua produção em 4,2 mil milhões de pés cúbicos (Alvarez 2007).

Entretanto, a indústria florestal do país também proporciona outros benefícios para além do fornecimento de madeira. Atualmente, as matérias-primas de biomassa das florestas estão disponíveis sob várias formas de resíduos de exploração florestal, como pequenos troncos não vendáveis, plantas de sub-bosque e fibras de madeira utilizadas para outros produtos (por exemplo, madeira para pasta de papel). Já existe um sistema de abastecimento de madeira competitivo a nível mundial que produz produtos tradicionais de madeira redonda, como a madeira para pasta de papel e a madeira para serração, bem como aparas de pasta de papel limpa. Os pellets de madeira, a eletricidade produzida a partir da madeira e os combustíveis líquidos são sectores que estão a desenvolver-se e que podem utilizar biomassa de árvores não utilizada pelos mercados convencionais (Greene *et al.* 2011). Atualmente, a maior fonte doméstica de energia renovável é a biomassa, da qual 75 por cento provém das florestas (Perlack *et al.* 2005). A biomassa lenhosa pode ser utilizada de várias formas para produzir energia, incluindo lenha, pellets, etanol celulósico e matéria-prima em instalações de coincineração e co-geração. Em geral, a utilização da madeira para produzir energia tem as seguintes vantagens em relação ao carvão e a outros combustíveis fósseis: é renovável, liberta menos 90% de dióxido de carbono quando é queimada, contém um mínimo de metais e enxofre, contém um mínimo de cinzas e pode ser barata em comparação com os combustíveis fósseis (Bergman e Zerbe 2004). De facto, as projecções mostraram que os EUA poderiam produzir 10% da sua energia a partir da madeira, o que representaria um aumento de três vezes em relação à contribuição atual da madeira (Zerbe 2006 e Conrad e Bolding 2011).

Ao mesmo tempo, com o aumento da procura de madeira para produção de energia, a indústria tradicional de produtos florestais enfraqueceu. O Sul dos EUA registou uma queda dos preços dos seus produtos de madeira nos últimos anos, em resultado da fraca procura e do excesso de oferta (Wear *et al.* 2007 e Conrad e Bolding 2011). A indústria da madeira na Louisiana também seguiu uma tendência semelhante, onde a produção de madeira tem vindo a diminuir desde 2006 (Fig. 2).

As indústrias de produtos florestais nos Estados Unidos adaptaram-se a estas situações de mercado em mutação à medida que as condições económicas se alteraram desde 2007. O encerramento de fábricas e a perda de postos de trabalho em todo o sector dos produtos florestais tiveram impactos locais significativos. Cerca de 1.009 serrações, 15 fábricas de pasta de papel e 148 outras fábricas encerraram desde 2005: quase 19% de todas as fábricas do sector florestal. Estes encerramentos resultaram em abrandamentos ou encerramentos em centenas de outras instalações secundárias de fabrico de madeira, resultando numa perda global de 294 000 postos de trabalho a tempo inteiro nos últimos cinco anos (Smith e Guldin 2012 p 1). No entanto, a perda por diminuição do número de fábricas nos Estados Unidos foi parcialmente compensada pelo aumento da capacidade das fábricas e por melhorias na eficiência (Spelter *et al.* 2007 e Collins *et al.* 2008).

No entanto, o problema pode agravar-se ainda mais se a indústria da pasta de papel e as indústrias que tencionam produzir energia a partir da biomassa lenhosa entrarem em concorrência no que respeita às matérias-primas. Isto acabaria por resultar num novo aumento do preço da biomassa lenhosa, o que prejudicaria ambas. Esta situação quase se verificou na Virgínia, onde 75% das fábricas de pasta de papel se situavam num raio de 50 milhas de uma instalação de transformação da madeira em energia e todas as fábricas de pasta de papel se situavam num raio de 75 milhas. Embora as tendências recentes dos preços da madeira para celulose, dos preços dos cavacos para combustível e da legislação da Virgínia indicassem que a concorrência pela matéria-prima era improvável num futuro próximo, estudos apontaram que, a longo prazo, dependendo das políticas governamentais e do progresso tecnológico nas tecnologias de conversão, a concorrência entre a indústria florestal e as empresas de transformação da madeira em energia era possível (Conrad e Bolding 2011). Em geral, o mercado de produção de energia a partir de resíduos de madeira era fortemente influenciado pelo preço de recursos energéticos alternativos e pela oferta de matéria-prima para o mercado de celulose (Energydata *et al.* 2005 p.8).

Tendo em conta esta situação, foi estabelecido um limite de 60 milhas para os locais de implantação das indústrias de pasta de papel, que eram a região de onde as fábricas de pasta de papel, na maioria dos casos, obtinham as suas matérias-primas. A existência de centros de recolha de resíduos de exploração florestal ou de centrais de produção de energia nessas regiões poderia constituir um obstáculo à concorrência entre as duas indústrias. Uma vez que a maioria das indústrias de pasta de papel vai buscar a sua matéria-prima a um raio de 50 milhas, estes seriam os pontos que não seriam preferíveis para a localização do centro de recolha de resíduos da exploração florestal. No entanto, na Louisiana, as fábricas de pasta de papel estavam amplamente distribuídas, estando a maioria delas nas zonas de maior produção de madeira (Fig. 7).

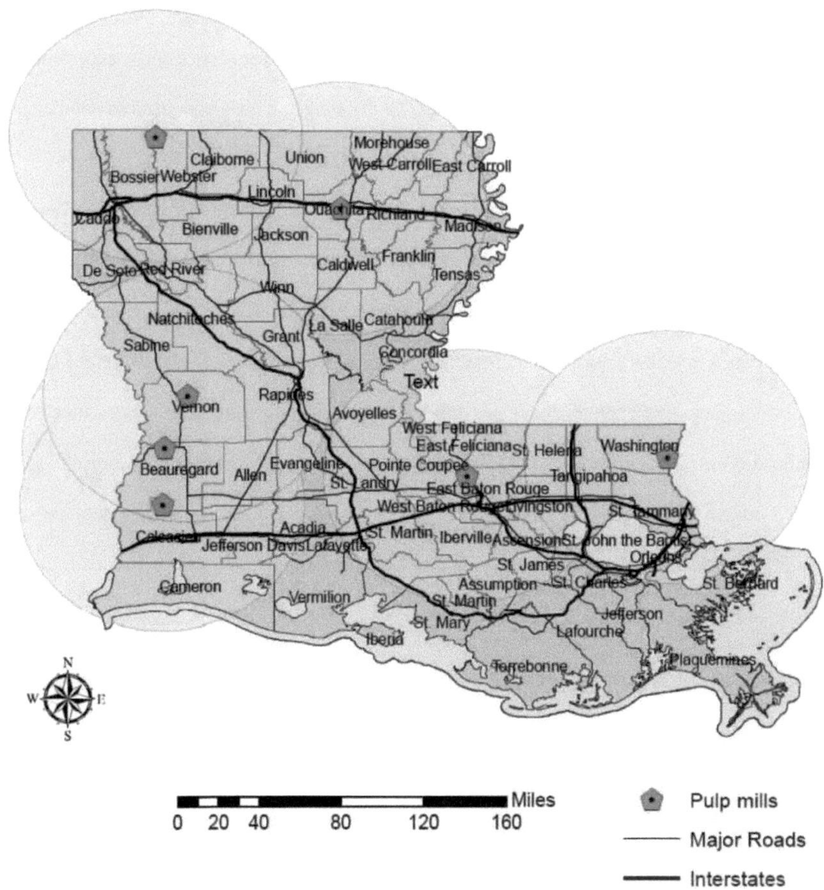

Figura 7. Região de recolha de matérias-primas para as fábricas de pasta de papel, Louisiana

Isto levou-nos à fase seguinte, em que avaliámos a produção de resíduos de exploração madeireira para o Estado. As formas convencionais de inventário florestal não forneceram uma estimativa exacta da quantidade potencial de biomassa florestal resultante da silvicultura de redução de combustíveis. Em geral, a produção máxima de resíduos florestais ocorreu em operações de colheita que geraram biomassa como subproduto da produção de toras de maior valor. Outro motivo de produção foram os projectos de redução de combustíveis que visavam especificamente a remoção de árvores de pequeno diâmetro em povoamentos com elevado risco de incêndio, com subbosques densos e pouco espaçados (Kellogg *et al.* 2006).

Para estimar a produção de resíduos de exploração florestal para este estudo, adoptámos uma equação desenvolvida por de Hoop e Clement (2008), por ser a mais adequada às condições que prevaleceram no Louisiana. Vários estudos tentaram quantificar a produção de resíduos florestais no país (por exemplo, Perlack *et al.* 2005, Southern States Energy Board 2006, Western Governors' Association 2008, e Encyclopedia of Southern Bioenergy Resources 2006) (Tabela 4). De facto, foi obtido um fator de conversão de volume para peso de 17,22 toneladas secas por mil pés cúbicos para a madeira macia e de 17,99 toneladas secas por mil pés cúbicos para a madeira dura, utilizando factores de conversão de pés cúbicos/metro cúbico e de metros cúbicos/tonelada verde indicados em Timber Mart-South (2007). No entanto, nem todos os resíduos florestais disponíveis podem ser utilizados. Tecnicamente, apenas 40 por cento dos resíduos podem ser recuperados (Walsh *et al.* 2000). O aumento da eficiência da colheita é importante para a futura viabilidade económica dos resíduos florestais (Grushecky *et al.* 2007 e Galik *et al.* 2009)

Quadro 4. Diferentes estimativas para quantificar os resíduos da exploração madeireira e outras remoções nas regiões de exploração madeireira

Source	Region	Logging residue	Other removal
		(Percent of total roundwood harvested)	
Johnsson (2001)	Northeast	29	1
	North Central	25	7
	South	12	10
	Rocky Mountains	18	2
	Pacific Coast	11	1
	Entire Nation	16	7
	Louisiana	13.98 and 59.65 (Pine and hardwood)	5.79 and 26.88 (Pine and hardwood)
Smith et al (2005)	Entire Nation	16	6
WGA (2008)	Entire Nation	30 (Forest residue)	

Por outro lado, de acordo com a última avaliação completa da RPA (Haynes 2003), os resíduos da exploração madeireira têm sido uma parte decrescente do total de remoções do inventário de existências em crescimento, diminuindo de 9,8 para 6,4 por cento das remoções de madeira macia e de 22,2 para 12,4 por cento das remoções de madeira dura entre 1952 e 1997. Prevê-se que esta tendência se mantenha, com os resíduos da exploração madeireira em percentagem das remoções de madeira macia a diminuírem para 6% e para 9% das remoções de madeira dura até 2050. No entanto, alguns outros estudos mostraram a tendência oposta por razões como o aumento do preço dos resíduos da exploração madeireira, que tornou mais económica a remoção de material de qualidade inferior, a alteração dos métodos de abate e o aumento da utilização de lenha (Walsh 2008).

O fator de conversão (madeira redonda para resíduos de exploração madeireira) para este estudo foi obtido a partir de um relatório, em que a produção de resíduos de exploração madeireira para o Louisiana foi estimada em cerca de 14% da madeira redonda de pinheiro explorada e quase 60% da madeira dura (Johnsson 2001) (Quadro 4). Embora a produção de resíduos da exploração madeireira tenha sido estimada, pouco se sabia sobre a sua utilização no estado. A produção total média de resíduos de exploração madeireira entre 2000 e 2010 foi de aproximadamente 3.073.978 toneladas secas ósseas (TSA).

Uma vez que alguns compradores de biomassa lenhosa estavam interessados em espécies de árvores específicas, também descrevemos separadamente os resíduos de exploração madeireira para madeira de pinho e madeira de folhosas. Isso foi feito para ajudar as indústrias que utilizavam qualquer uma delas. Além disso, ajudou a dar uma ideia da distribuição das espécies de árvores no estado (Fig. 3).

Para generalizar o sector dos resíduos de madeira no Sul, um estudo realizado por Greene *et al.* (2011) chegou às seguintes conclusões

- As fábricas de pasta de papel são o principal mercado para os resíduos de madeira no Sul.
- A biomassa é geralmente comprada numa base de tonelada verde, o que está fora da zona de conforto tanto para os empreiteiros de exploração florestal como para os proprietários

florestais, porque estes resíduos tendem a secar pouco depois da colheita.

A dimensão do material residual utilizado nos mercados da biomassa lenhosa parece estar diretamente relacionada com a procura e a concorrência da madeira para pasta de papel pelas fábricas de pasta de papel de uma região

- A maioria das operações lascou ou triturou a biomassa no campo antes do transporte. Isto foi feito para melhorar a qualidade do produto e maximizar a carga útil dos camiões.
- A eficiência dos transportes era fundamental para o sucesso das operações de colheita de biomassa e a maximização da carga útil dos camiões era um fator chave. Isto constituía um desafio no Sul, onde a maioria das leis de peso estatais limitavam o peso bruto dos veículos a 40 toneladas (frequentemente com 5-10 por cento de permissões).

4.1. Transportes

A fase seguinte do estudo consistiu em avaliar os aspectos económicos do produto entregue, que constituía um dos principais obstáculos à utilização da biomassa florestal (Kellogg *et al.* 2006). Num caso, os custos de um transporte de quatro horas foram quase iguais aos custos de gestão florestal para o cultivo de um pinheiro de 17 anos; estudos demonstraram que o transporte pode representar até 50% do custo total da colheita (Richardson *et al.* 2002). Devido a estes desafios, muitos empreiteiros de corte optam atualmente por subcontratar o transporte a empresas de transporte especializadas. Embora isso pareça resolver a limitação, também introduziu mais um "intermediário" que reduz ainda mais as receitas.

O transporte pode ser minimizado através da utilização óptima da carga útil do veículo e da escolha dos caminhos de viagem mais curtos. Ambos os meios são determinados pelo comportamento e pela geografia. O comportamento dos condutores de camiões não foi tido em conta neste estudo. Em vez disso, de um ponto de vista geográfico, é atrativo encontrar os menores esforços de transporte possíveis para satisfazer uma determinada procura de combustível de madeira com os recursos disponíveis. Esta abordagem de menor custo, juntamente com os volumes de transporte efetivamente registados, pode então ser utilizada para aferir as melhorias pretendidas (Moller e Nielsen 2007).

De um modo geral, a colheita e o transporte rentáveis foram particularmente importantes para fornecer matérias-primas de biomassa a um preço de mercado competitivo (Aguilar e Garrett 2009). A

O Departamento de Energia identificou recentemente 47 dólares por tonelada seca (cerca de 23,50 dólares por tonelada verde) como objetivo para o preço de entrega da matéria-prima em 2012, para tornar competitivos os processos baseados na biomassa (Wilkerson *et al.* 2008). Deste valor, eles destinaram $10 por tonelada seca para o proprietário da terra ($5 por tonelada verde), deixando $37 por tonelada seca ($18,50 por tonelada verde) disponíveis para recolha e transporte (Greene *et al.* 2011). Por outro lado, Travis Taylor, da Travis Taylor Logging and chipping Goldana, Louisiana, declarou em setembro de 2005 que lhe custava 27 dólares por tonelada verde para cortar, arrastar e lascar madeira (sem custos de transporte incluídos).

Os principais sistemas de transporte adotados no estado foram o hidroviário, o ferroviário e o rodoviário. O transporte de produtos florestais por água, através de barcaças ou balsas, era a forma mais antiga de transporte, utilizando grandes cargas e longas distâncias. O transporte ferroviário foi a fase seguinte importante do transporte, que também se caracterizava por grandes cargas e longas distâncias. Mas atualmente, no sudeste dos EUA, cerca de 90% da madeira é transportada por camião, enquanto 10% chega através de uma combinação de água e caminho de ferro (Bolding 2008).

4.1.1. Transporte rodoviário

O transporte rodoviário era a forma mais extensa de transporte no estado (Fig. 8). De facto, o transporte por camião tinha ultrapassado o transporte ferroviário no estado devido a vários factores, incluindo a flexibilidade de horários, um investimento relativamente baixo em comparação com outros modos de transporte e a rapidez de entrega. No entanto, os custos do combustível estavam a reduzir as margens de lucro da indústria dos resíduos de madeira. Na maioria dos casos, a distância máxima de transporte da madeira pode ser de 100 a 150 milhas e varia em função de factores económicos como o valor do produto e os custos de transporte. No entanto, quando a viabilidade económica do transporte de resíduos de madeira foi tida em conta, a distância de transporte foi ainda mais reduzida. Em conclusão, quanto mais valioso for o produto, ou seja, madeira para serração versus madeira para pasta de papel, mais longe poderá ser transportado de forma económica.

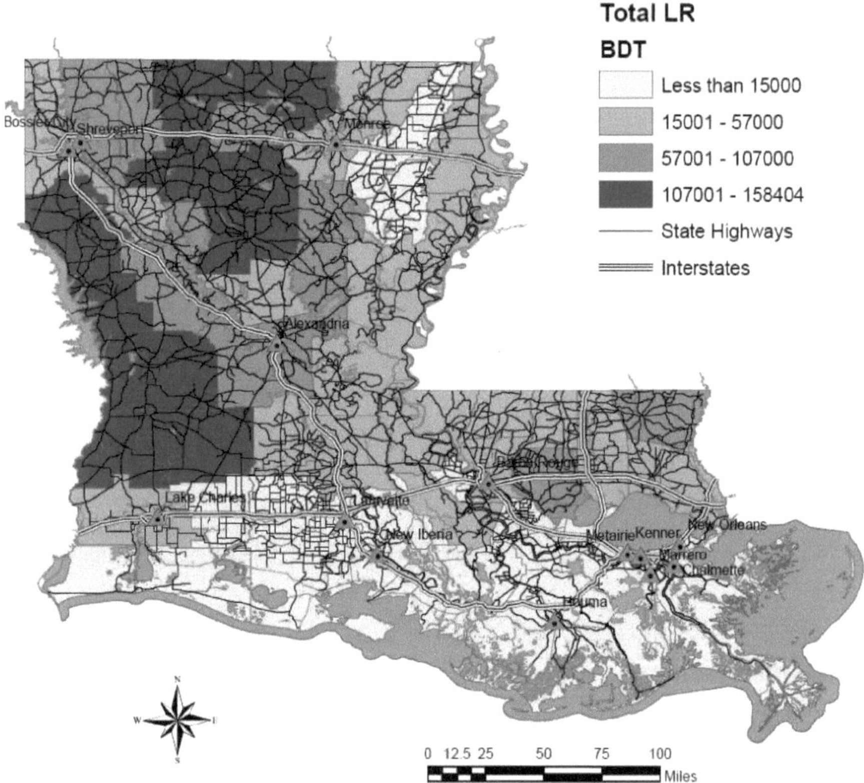

Figura 8. Transporte rodoviário comparado com a produção de resíduos de madeira na Louisiana

De facto, no mundo real, uma tarifa típica de corte e transporte varia entre 12 e 16 dólares por tonelada, dependendo dos requisitos e da dificuldade do contrato de colheita. Esta tarifa pode incluir um transporte mínimo de 50 milhas. Se a mercadoria tiver de ser entregue fora deste limite de 50 milhas, poderá ser fornecido um incentivo de $0,10-$0,12 por tonelada por cada milha adicional (Bolding 2008). Mas devido à sua densidade energética relativamente baixa, a distância económica de transporte para o combustível de madeira era uma fração da distância para outras fontes de energia; tipicamente, o combustível de madeira deve ser recolhido num raio de 62 milhas (100 km) ou menos (Richardson *et al.* 2002). Mesmo a 50 milhas ou menos, os custos de transporte por si só podem chegar a US$ 10 a US$ 30 por tonelada seca (Galik *et al.* 2009). Outros estudos anteriores mostraram distâncias ainda mais baixas, como 80 km (50 milhas) (Brower *et al.* 1993 e Paine *et.al.*, 1996). O aumento na distância de transporte desde então até hoje foi uma consequência direta da procura desta matéria-prima para a produção de energia.

Uma vez que a indústria dos camiões desempenhou um papel proeminente na determinação da eficiência do transporte rodoviário, há vários factores imperativos a considerar para aumentar a produtividade dos camiões. Certos aspectos, como o tempo de carregamento, desempenhavam um papel importante. O tempo de carregamento tinha de ser minimizado para melhorar a eficiência. Quanto ao tempo de descarga, os condutores de camiões tinham frequentemente de esperar muito tempo para descarregar, o que resultava num aumento do tempo de rotação do camião. Isto reduziria drasticamente a produtividade dos camiões e aumentaria os custos de transporte.

Outras questões diziam respeito às leis de regulação do peso nas auto-estradas que regiam as tolerâncias de peso para os camiões. Os limites de peso variam consoante o estado e mudam frequentemente, uma vez que estas leis são dinâmicas. O peso bruto máximo atual (GVW) para produtos florestais não manufacturados na maior parte dos estados é de 80.000 libras, sendo que alguns estados têm limites percentuais de excesso de peso. Para melhorar a eficiência dos camiões, continuam a ser envidados esforços para aumentar o peso bruto máximo (Bolding 2008).

Mais uma vez, a rede rodoviária estadual, especialmente as interestaduais, atravessava todo o estado e ligava a maior parte dos cinturões de resíduos madeireiros. A I-49 tinha um papel importante a desempenhar, pois atravessava mais ou menos essa zona (Fig. 8). No entanto, as auto-estradas estatais e outras estradas eram mais acessíveis e tinham uma função importante na ligação dos locais de exploração rural.

Outros factores que afectaram o transporte por camião foram a seleção e a combinação dos camiões para um desempenho mais eficiente. Alguns pontos importantes a ter em conta nesta secção são: o tipo de carga, o peso do camião e as restrições de carga e peso, o tipo de terreno - plano, montanhoso, com curvas, etc., o tipo de estrada - pública, privada, etc., a distância de transporte, a frequência do volume - fluxo consistente, periódico ou disperso, os requisitos de segurança - travagem. No caso dos resíduos de madeira, normalmente são preferidas as carrinhas de recolha de aparas.

Mas há muitos outros critérios de produtividade que estão fora do controlo dos empreiteiros, como o aumento dos preços dos combustíveis e as distâncias de transporte. No entanto, muitos factores determinantes, como a maximização da carga útil, a minimização do tempo de carregamento e a redução da variabilidade do peso da carga, são controláveis e devem ser considerados para melhorar a eficiência do transporte rodoviário no sector (Bolding 2008).

4.1.2. Sistema ferroviário

Em comparação com o transporte rodoviário, as necessidades de energia primária e de processamento eram menores no caso do transporte ferroviário, exceto no caso do comboio movido a eletricidade produzida a partir do carvão. Do ponto de vista ambiental, o impacto potencial da acidificação e da eutrofização também foi menor no caso do transporte ferroviário alimentado a eletricidade do que no rodoviário. Embora a carga máxima num comboio, em proporção do peso total do veículo, seja maior, os comboios são mais eficientes do que os camiões quando a distância de transporte é maior (Lindholm e Berg 2005).

Apesar de todas estas vantagens, os comboios não eram frequentemente preferidos, uma vez que a maior parte dos locais de recolha tinha pouco acesso a terminais ferroviários. Mas os caminhos-de-ferro podem ser uma opção potencial para o transporte dos resíduos de madeira dos centros de recolha de resíduos de madeira para o ponto de utilização final. Para isso, o centro de recolha deve estar localizado perto de um terminal intermodal ferroviário. A partir deste mapa (Fig. 9), podemos localizar alguns desses potenciais centros de recolha para recolher os resíduos de madeira produzidos no local de colheita e para os transportar através de caminhos-de-ferro.

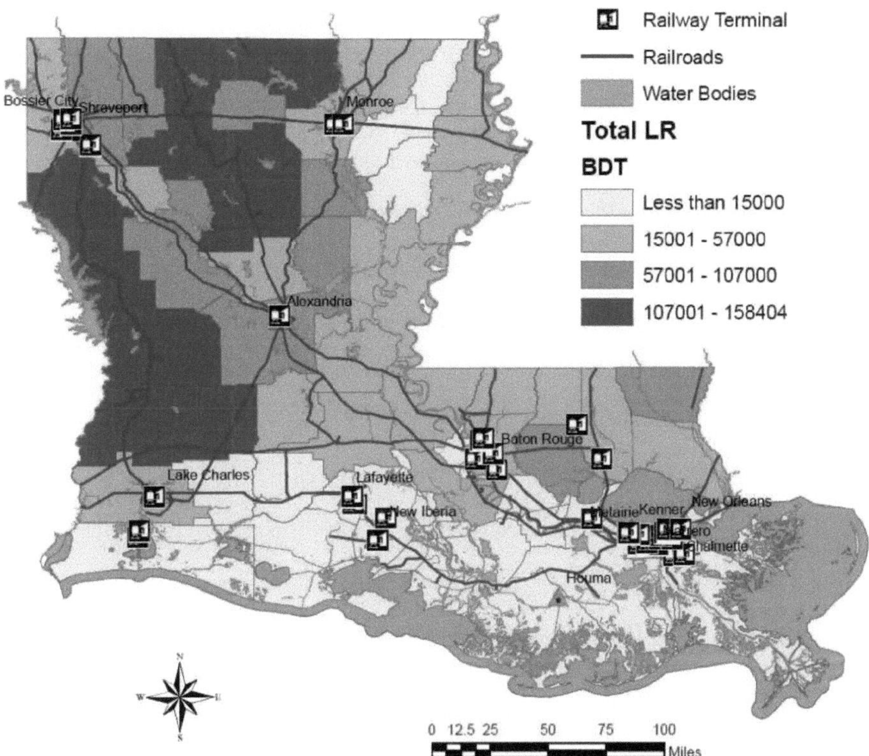

Figura 9. Transporte ferroviário comparado com a produção de resíduos de madeira na Louisiana

Em geral, 37,1 milhões de toneladas de mercadorias foram transportadas por via férrea com origem na Louisiana e terminando fora do estado, em que a pasta de papel, o papel ou os produtos afins constituíram 11,7%, enquanto a madeira e os produtos de madeira representaram 4,8%. No total (todos os tipos de transporte), a pasta de papel, o papel e os produtos afins representaram 6,8%

do tráfego ferroviário do Louisiana.

Além disso, o transporte ferroviário de mercadorias com origem na Louisiana termina predominantemente no Texas. As áreas que se seguiram foram a Califórnia, o Illinois, a Geórgia e a Florida. No total, estes Estados

representaram 18,1 milhões de toneladas ou 48,7 por cento da carga originária do Louisiana em volume. Os carregamentos para a Califórnia eram principalmente produtos químicos e produtos de pasta de papel/papel (Wilbur Smith Associates 2003).

No entanto, nos últimos 25 anos, a dependência do sector madeireiro em relação ao caminho de ferro tem vindo a diminuir. Em , um inquérito realizado aos carregadores que, em geral, utilizam o caminho de ferro, a maioria (53%) indicou que o serviço se tinha deteriorado um pouco ou significativamente nos últimos 10 anos. A principal razão para esta deterioração foi a mudança de via inoportuna e incorrecta (má colocação dos vagões), a redução do serviço em linhas curtas, o mau serviço ao cliente, a falta de vias de armazenagem nos transportadores e os custos elevados. Mais uma vez, os 11 pequenos caminhos-de-ferro do Estado, ligados ao sistema nacional de transporte ferroviário de mercadorias, tinham necessidades de capital não satisfeitas que ascendiam a 102,6 milhões de dólares, dos quais 39% estavam relacionados com 286 projectos de melhoramento de vias, necessários para suportar pesos de vagões mais pesados. Havia também caminhos-de-ferro abandonados, como se pode ver no mapa, espalhados por todo o Estado (Fig. 9). Para melhorar o transporte ferroviário, algumas das soluções práticas apresentadas por Wilbur Smith Associates (2003) foram

- Melhoria do acesso às instalações ferroviárias.

- Mais e maiores vagões ferroviários.

- A criação de frotas de automóveis privadas (propriedade e controlo do carregador)

4.1.3. Sistema de vias navegáveis

De um modo geral, o sistema de vias navegáveis proporcionou uma rede de transportes segura e respeitadora do ambiente. O transporte por via navegável consumia, em geral, cerca de 2,2 vezes menos energia do que o transporte ferroviário (Magelli *et al.* 2009). Também serviu como uma base de recursos económicos sustentáveis que pode ser continuamente aproveitada em benefício do crescimento económico e da diversificação.

Uma vez que existe um mercado internacional em crescimento para os resíduos de biomassa, o sistema hídrico desempenharia um papel importante no futuro. Estão a surgir empresas em Baton Rouge, LA, que planeiam enviar os seus pellets de madeira para a Europa. Atualmente, a rede de vias navegáveis do Louisiana movimentava cerca de 485 milhões de toneladas de carga por ano, das quais 200 milhões de toneladas eram de comércio externo. O sistema de transportes marítimos do Louisiana era um sistema de transportes altamente integrado que ligava os mercados domésticos do coração da América ao mercado internacional (Shaw Environmental and Infrastructure 2007).

A maior parte do transporte aquático dos resíduos de madeira no estado estava associada ao rio Vermelho, porque o rio passava por algumas das zonas de maior produção de resíduos de madeira no estado (por exemplo, Natchitoches, Rapides e Winn) (Fig. 10). No entanto, uma vez que as freguesias com maior produção de resíduos de madeira (Vernon, Beauregard, Bienville, Sabine) tinham pouca acessibilidade aos portos, o transporte desta biomassa através de barcos não tem sido uma opção, pelo menos para satisfazer a procura interna. Mas uma vez que os camiões fossem utilizados para transportar a mercadoria para os portos, esta poderia ser uma opção potencial para viagens de longo curso, interestaduais ou mesmo intercontinentais. Outra restrição seria o "reenvio" da biomassa dos camiões ou pequenas barcaças (uma vez que os portos do rio Vermelho eram portos de águas interiores/ pouco profundas que não comportavam grandes navios) para contentores nos principais portos. Isto aumentaria ainda mais o custo do transporte.

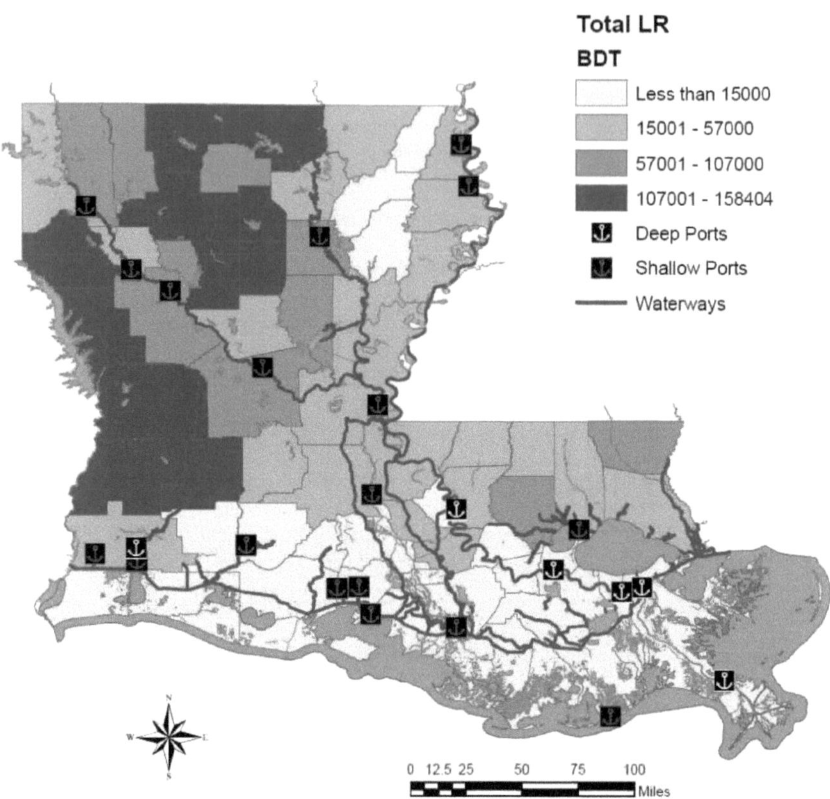

Figura 10. Transporte por água comparado com a produção de resíduos de madeira na Louisiana

De um modo geral, a capacidade de receber carga das zonas interiores era vital para o transporte por via aquática de resíduos de madeira. Isto dependia em grande medida da capacidade do porto para aceder aos mercados do interior através de outros modos de transporte, como as estradas, as vias navegáveis e os caminhos-de-ferro. De um modo geral, os camiões eram o principal modo de transporte num raio de 500 milhas de um porto. A conetividade ferroviária num porto tornou-se cada vez mais importante para atrair carga contentorizada quando os pares origem-destino estão separados por mais de 500 milhas (Shaw Environmental and Infrastructure 2007).

Em geral, algumas medidas que podem ser adoptadas para melhorar o transporte de água dos resíduos de exploração madeireira seriam (Ashar e Swigart 2007):

- Para construir modais inter-terminais dentro da doca

- Combinar a movimentação de contentores marítimos e domésticos para conseguir uma melhor utilização das instalações do IM e melhorar os serviços ferroviários

4.2. Combinação de modos de transporte

Atualmente, com a abertura de novos mercados para os resíduos de madeira na Europa, estão a ser criadas cadeias de abastecimento logísticas mais sofisticadas. Estas utilizam diferentes combinações de modos de transporte, que não só servem para o transporte de mercadorias a longa distância como também reduzem os custos (Fig. 11). Além disso, estas permutações de transporte de mercadorias provaram também ser amigas do ambiente. Estes cenários já foram implementados na Europa e no Canadá, onde a biomassa lenhosa é muito procurada. Normalmente, estes métodos de transporte utilizam mais do que um modo de transporte de mercadorias. Uma grande preocupação em termos de receitas seria o "reenvio" da mercadoria de um modo para outro, o que aumentaria significativamente o custo do transporte. No entanto, estes métodos são normalmente utilizados para o transporte a longa distância.

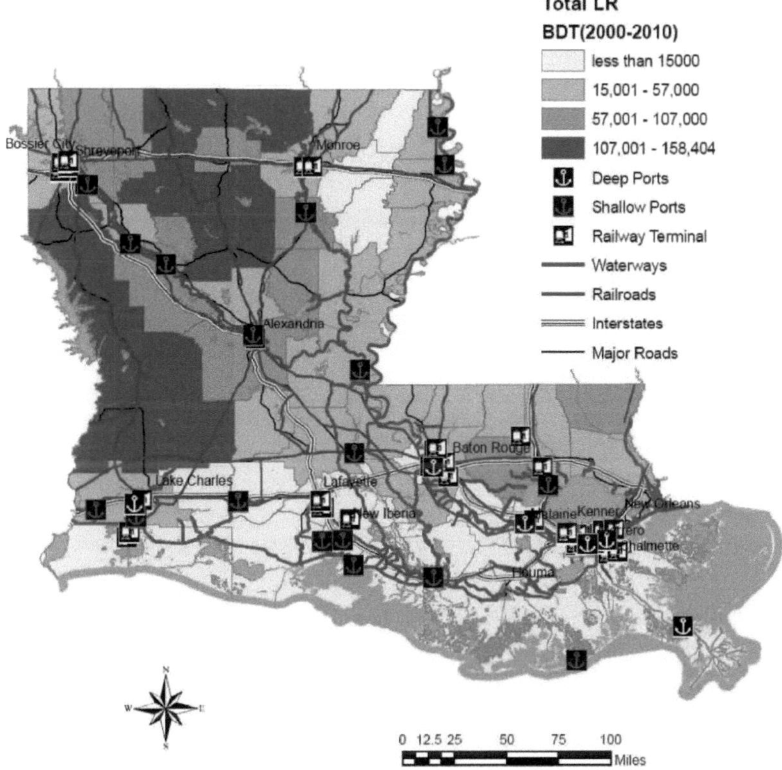

Figura 11. Opções de transporte para a produção de resíduos da exploração madeireira na Louisiana

4.3. Referências

Aguilar, F. e H.E. Garrett. 2009. Perspectives of woody biomass for energy: survey of state foresters, state energy biomass contacts, and National Council of Forestry Association Executives. Journal of Forestry 107(6): 297-306.

Alvarez, M. 2007. The State of America's Forests [O Estado das Florestas da América]. Bethesda, MD: Society of American Foresters.

Ashar, A. e S. Swigart. 2007. A Comparative Analysis of Intermodal Ship-to-Rail Connections at Louisiana Deep Water Ports [Uma Análise Comparativa das Conexões Intermodais Navio-Ferrovia nos Portos de Águas Profundas da Louisiana]. Departamento de Transporte e Desenvolvimento da Louisiana. agosto de 2007

Bergman, R., e J. Zerbe. 2004. Primer on wood biomass for energy. US For. Service, State & Private Forestry Technology Marketing Unit, Forest Products Laboratory. 10 p.

Bolding, C. 2008. Improving Trucking Efficiencyin the Forestry Setor (Melhorar a eficiência dos camiões no sector florestal). Sawmill & Woodlot. Contribuição técnica n.º 5444 da Estação Experimental da Universidade de Clemson. março 2008. P 26-31

Brower, M. C., Tennis, M. W., Denzler E. W., e M. M. Kaplan. 1993. Powering the Midwest: Renewable Electricity for the Economy and the Environment. Union of Concerned Scientists, Washington, DC.

Collins, S., Darr, D., Wear, D. e B. Hutch. 2008. Global markets and the health of America's forests: A forest service perspective. J. For. 106(1):47-52.

Conrad, J. L. e M.C. Bolding. 2011. Mercado de biomassa lenhosa da Virgínia: Oportunidades e implicações. Southern Journal of Applied Forestry. 35(2) 2011

de Hoop, C. F. e C.E. Ctement. 2008. Suprimentos de biomassa lenhosa na vizinhança do porto de Alexandria, Louisiana. Um resumo do Centro de Desenvolvimento de Produtos Florestais do Louisiana, Escola de Recursos Naturais Renováveis, Centro Agrícola da Universidade Estadual do Louisiana, Baton Rouge.

Energy data AS, Instituto de Economia dos Transportes e KEMA Consulting. 2005. Cadeias logísticas de bioenergia. Relatório final para o ENOVA.

Laboratório de Produtos Florestais (FPL). 2004. Calculadora de valor de combustível. WOE-3. Atualizado em 07/04. Disponível online em http://www.fpl.fs.fed.us/documnts/techline/fuel-value-calculator.pdf. Último acesso em 7/9/2012

Galik, C.S.. Abt, R.C e Y. Wu. 2009. Forest Biomass Supply in the Southeastern United States-Implications for Industrial Roundwood and Bioenergy Production [Oferta de Biomassa Florestal no Sudeste dos Estados Unidos - Implicações para a Produção Industrial de Madeira Redonda e Bioenergia]. Journal of Forestry 107(2): 69-77 (março de 2009)

Greene, D., Baker, S., Mendell, B. e A.H. Lang. 2011. Integração da biomassa lenhosa na cadeia de abastecimento de madeira do sul dos EUA. 34º Conselho de Engenharia Florestal, 12-15 de junho de 2011, Cidade do Quebeque (Quebeque)

Hofstrand, D. 2007. Medições e conversões de energia. Ficheiro C6-86. Disponível online em http://www.extension.iastate.edu/agdm/wholefarm/html/c6-86.html, acedido pela última vez em 7/9/2012

Kellogg, L., Davis, C., Vanderberg, M., e M.C. Bolding. 2006. Identificação e desenvolvimento de inovação na colheita e transporte de biomassa florestal. In: Proc. Convenção Internacional da Sociedade de Produtos Florestais 60th, 25-28 de junho de 2006, Newport Beach, Califórnia.

Lindholm, E.L., e S. Berg. 2005. Necessidade de energia e impacto ambiental no transporte de madeira. Scandinavian Journal of Forest Research (20):184-191

Magelli, F., Boucher, K., Bi, H.T., Melin, S. e A. Bonoli. 2009. Uma avaliação do impacto ambiental dos pellets de madeira exportados do Canadá para a Europa. Biomass and Bioenergy (33): 728-744.

Paine, L.K., Todd L., Peterson, D.J., Undersander, Rineer K. C., Bartelt G. A., Temple S. A., Sample D. W. e R. M. Klemme. 1996. Some ecological and socio-economic considerations for biomass energy crop production. Biomass and Bioenergy vol. 10, No. 4. p 231-242.

Perlack, R.D., Wright, L.L., Turhollow, A.F., Graham, R.L., Stokes, B.J. e D.C. Erbach. 2005. Biomass as feedstock for a bioenergy and bioproducts industry: The technical feasibility of a billion-ton annual supply. Departamento de Energia dos EUA e Laboratório Nacional de Oak Ridge . DOE/GO-102995-2135. 59 p.

Richardson, J., Bjorheden, R., Hakkila, P., Lowe, A. e C. Smith. 2002. Bioenergy from sustainable forestry: Guiding principles and practice. Kluwer Academic Publishers, Países Baixos

Shaw Environmental and Infrastructure. 2007. Louisiana Marine Transportation System Plan State Project No 750-99-0130, Department of Transportation and Development, Baton Rouge, Louisiana

Smith, W. B. e R.W. Guldin. 2012. Setor florestal a cambalear durante a recessão económica. The forestry sources. Edição de janeiro de 2012.

Spelter, H., D. Mckeaver, e M. Alderman. 2007. Perfil 2007: Softwood sawmills in the United States and Canada. US For. Serv. Research Paper, FPL-RP-644. 65 p.

Extensão da Universidade do Missouri (Uni. Missouri Ext). 2012. Combustível de madeira para aquecimento. g5450. Revisto em 3/12/Web. Disponível online em http://extension.missouri.edu/explorepdf/agguides /forestry/g05450.pdf acedido pela última vez em 7/9/2012

Wear, D.N., Carter, D.R. e J. Prestemon. 2007. O sector madeireiro do Sul dos EUA em 2005: Uma análise prospetiva das mudanças recentes. US For. Serv. Gen. Tech. Rep. SRS-99. 29 p.

Wilbur Smith Associates. 2003. Louisiana Statewide Rail System Plan. Departamento de Transportes e Desenvolvimento da Louisiana

Wilkerson, E.G., Blackwelder, D.B., Perlack, R.D., Muth, D.J. e J.R. Hess. 2008. A preliminary assessment of the state of harvest and collection technology for forest residues (Avaliação preliminar do estado da tecnologia de colheita e recolha de resíduos florestais). Laboratório Nacional de Oak Ridge. 29 p.

Zerbe, J.I. 2006. Energia térmica, eletricidade e combustíveis para transportes a partir da madeira. Para. Prod. J. 56(1):7-14.

PARTE II

RESÍDUOS DE CULTURAS AGRÍCOLAS

CAPÍTULO 5: INTRODUÇÃO

As indústrias agrícolas e de recursos naturais têm contribuído significativamente para a economia do nosso estado e sempre tiveram o potencial de aumentar os benefícios económicos e a criação de emprego através do processamento de valor acrescentado em comunidades urbanas e rurais em todo o Louisiana (LSU AgCenter 2012). Alguns subprodutos naturais da agricultura eram resíduos de biomassa sob a forma de lixo de descaroçador de algodão, cascas de arroz e bagaço de açúcar. A eliminação destes resíduos sempre constituiu um problema. Uma solução popular para a gestão de resíduos era utilizá-los como combustível, conhecido como biocombustível.

Atualmente, a energia da biomassa é fundamental para satisfazer a procura de energia no país. Em 2010, os combustíveis de biomassa forneceram cerca de 4 por cento da energia utilizada nos Estados Unidos (EIA 2011). De facto, cerca de 10-15% da energia anual total do mundo provinha da lenha e do carvão vegetal, juntamente com outros biocombustíveis como o bagaço. Estes foram utilizados principalmente para a produção de energia térmica, tanto nos países em desenvolvimento como nos países desenvolvidos (Hillring e Trossero 2006).

Os recursos de biomassa utilizados para a produção de energia podem ser amplamente agrupados em resíduos de madeira (gerados por indústrias de produtos florestais, locais de extração de madeira e resíduos urbanos); resíduos agrícolas (gerados por culturas, agro-indústrias e explorações pecuárias); culturas energéticas, ou seja, culturas e árvores dedicadas à produção de energia; e resíduos sólidos urbanos (Easterly e Burnham 1996, e Voivontas *et al.* 2001 p.1).

A importância desta categoria de energia era diretamente visível na perspetiva energética dos EUA. A biomassa constituía a maior fonte de energia renovável, fornecendo 3,2 quads de energia, o que correspondia a 47% de todas as fontes de energia renováveis, dos quais 43% provinham de biocombustíveis (principalmente etanol) e cerca de 11% de resíduos urbanos (EIA

2005). Um estudo recente indicou que os EUA tinham potencial para produzir quase 1,2 mil milhões de toneladas secas de biomassa por ano, para além da atual produção de alimentos e fibras (Perlack *et al.* 2005, e Castellano *et al.* 2009). Em o cenário mais intensivo em biomassa, os estudos mostraram que, até 2050, a produção de

a energia da biomassa contribuiria para cerca de metade da procura total de energia nos países em desenvolvimento (IPCC 1997).

Outros números relativos à produção de resíduos vegetais mostram que a quantidade de resíduos vegetais produzidos nos EUA foi estimada em 367×10^6 Mg/ano para 9 culturas de cereais, 450×10^6 Mg/ano para 14 cereais e leguminosas e 488×10^6 Mg/ano para 21 culturas. A quantidade de resíduos de culturas produzidos no mundo foi estimada em 2802×10^6 Mg/ano para as culturas cerealíferas, 3107×10^6 Mg/ano para 17 cereais e leguminosas e 3758×10^6Mg/ano para 27 culturas alimentares. Além disso, o valor do combustível do resíduo total anual produzido foi de aproximadamente $1,5 \times 10^{15}$ kcal, cerca de mil milhões de barris (bbl) de equivalente diesel, ou cerca de 8 quads para os EUA; e $11,3 \times 10^{15}$ kcal, cerca de 7,5 mil milhões de bbl de diesel ou 60 quads para o mundo (Lal 2005).

Mas, por outro lado, mesmo com os actuais preços elevados do petróleo, os biocombustíveis custam mais do que os combustíveis convencionais. Para incentivar a oferta de biocombustíveis e das suas matérias-primas, foram disponibilizados auxílios para o cultivo de matérias-primas e para o custo de capital do processamento de biocombustíveis. Estes auxílios foram concebidos para promover o aumento da procura de biocombustíveis. As principais abordagens foram as seguintes (Demirbas 2008):

- Reduções/isenções fiscais para os biocombustíveis

- Obrigações relativas aos biocombustíveis

De facto, a maioria dos estados dos EUA adoptou várias políticas para promover a produção de energias renováveis e controlar o seu preço. Dezanove estados estabeleceram objectivos para a produção de energia renovável. Dezasseis estados formularam iniciativas para incentivar a produção de etanol e outros sete promulgaram leis para incentivar a sua utilização. Trinta estados instalaram capacidade de produção de eletricidade a partir de energia eólica e muitos outros estavam a estudar a possibilidade de produzir eletricidade a partir de várias formas de biomassa (Bowyer *et al.* 2006). As políticas adoptadas pelo Estado desempenharam um papel crucial no aumento da atratividade financeira da produção e comércio de biocombustíveis, e muitas dessas políticas influenciaram os custos e preços dos biocombustíveis, por exemplo, subsídios, reduções fiscais, tarifas (Doornbusch e Steenblik 2007).

O Louisiana também adoptou várias políticas, como uma série de leis sobre energia limpa e incentivos fiscais para aproveitar os seus recursos de biomassa para a produção de energia. Este facto proporcionou ao Estado amplas oportunidades para a expansão das energias renováveis e ajudou-o a desenvolver uma norma de carteira renovável. No entanto, a expansão do mercado da bioenergia só pode resultar da combinação de factores como novas políticas energéticas e ambientais, preços internacionais elevados dos combustíveis fósseis e baixos custos de produção e transporte (Hillring e Trossero 2006).

Na Europa, a União Europeia (UE) implementou uma política energética e climática que tinha como objetivo, até 2020, reduzir o consumo de energia em 20%, com um corte semelhante nas emissões de CO_2, aumentando simultaneamente a percentagem de energias renováveis no cabaz energético da UE para 20%. Atualmente, mais de metade da energia renovável da UE provém da biomassa (UE 2006). Para apoiar esta situação, a União Europeia adoptou algumas políticas destinadas a promover as energias renováveis no aquecimento (Comissão das Comunidades Europeias 2005 p7). Algumas das mais proeminentes foram:

- Para garantir a disponibilidade de combustíveis de biomassa

- Estabelecimento de critérios de eficiência para a biomassa e para as instalações em que esta deve ser utilizada

- Rotulagem de equipamentos, que permitiu às pessoas comprarem aparelhos limpos e eficientes

- A adequação da fixação de objectivos e de outras medidas técnicas

- Acordos voluntários com o sector

- Alteração da diretiva relativa ao desempenho energético dos edifícios para aumentar os incentivos às energias renováveis

- Um estudo sobre a forma de melhorar o desempenho das caldeiras domésticas de biomassa e reduzir a poluição, com vista a estabelecer requisitos no âmbito da diretiva relativa à conceção ecológica

- Apoiar a investigação e o desenvolvimento de tecnologias para a produção de energia

5.1. Caraterísticas que afectam a produção de resíduos de biomassa

Os resíduos de biomassa produzidos nos campos agrícolas são uma das fontes mais importantes de biomassa que pode ser utilizada para a produção de energia. Existem várias caraterísticas que determinam a qualidade da biomassa produzida. O teor de humidade era a caraterística mais significativa que afectava a qualidade do combustível de biomassa para processos térmicos como a combustão, a gaseificação e a pirólise. Os materiais com menor teor de humidade têm um menor custo de transporte, uma vez que reduzem o tamanho do equipamento de manuseamento, processamento e conversão de energia necessário para a produção de energia a partir da biomassa. A razão para isto é que seria necessário um volume menor de matéria-prima para satisfazer as necessidades de combustível da instalação (ODE 2003).

Além disso, a quantidade de resíduos agrícolas que pode ser removida de forma sustentável é diretamente influenciada por uma série de factores, incluindo o rendimento dos cereais, a rotação de culturas, as práticas de gestão dos campos (por exemplo, o tipo e o momento da lavoura e outras práticas de gestão), o clima e as caraterísticas físicas do solo (tipo de solo, índice de erodibilidade, topografia, etc.). A metodologia necessária para estimar o abastecimento de resíduos de culturas agrícolas envolveu a estimativa das quantidades de resíduos produzidos, as quantidades que devem permanecer no campo para manter as caraterísticas de qualidade do solo e a produtividade a longo prazo, e o custo da recolha/colheita dos resíduos disponíveis (Walsh 2008).

5.2. Beneficiários

Do ponto de vista da economia de produção, os resíduos de culturas agrícolas para a produção de energia têm muitas vantagens. Trata-se normalmente de um subproduto ou resíduo do produto principal.

Uma vez que o produto principal era a cultura ou outro produto fibroso, este cobriria os custos fixos e o subproduto apenas teria de cobrir os custos marginais (Lunan 1997). Além disso, os resíduos de culturas agrícolas (o componente não-grão, acima do solo, das culturas) são um produto complementar à produção de culturas, e os mesmos factores que impulsionaram a produção destas culturas também impulsionaram as quantidades de resíduos de culturas produzidos (Walsh 2008). Além disso, também desempenhou um papel vital no sistema de gestão de resíduos, uma vez que encontrou um valor económico para os produtos residuais, que de outra forma eram considerados resíduos.

Atualmente, a biomassa é considerada uma importante fonte de energia renovável, amplamente aceite pelo seu potencial para satisfazer a compatibilidade ambiental. O terceiro relatório de avaliação do Painel Intergovernamental sobre as Alterações Climáticas (IPCC) apoiou as emissões e remoções de gases com efeito de estufa, incluindo o dióxido de carbono, e mostrou que a maior parte do aquecimento global observado nos últimos 50 anos se deveu provavelmente ao aumento das concentrações de gases com efeito de estufa (GEE) na atmosfera (M'ollerstena *et al.* 2003). É neste contexto que a energia da biomassa se revela uma das opções promissoras para reduzir as emissões de gases com efeito de estufa. A componente de carbono das plantas, removida da atmosfera, tem apenas um passado recente, mas o carbono bloqueado nos combustíveis fósseis estende-se por milhões de anos. Assim, neste caso, a comparação era entre as emissões de CO_2 para a atmosfera, provenientes da biomassa gerada nos últimos anos, e os combustíveis fósseis, que tinham levado milhões de anos a evoluir.

Quanto às outras vantagens, a utilização de resíduos de culturas como possível fonte de matéria-prima para a produção de bioenergia também tem um impacto positivo na fixação do carbono no solo, na manutenção da qualidade do solo e nas funções do ecossistema.

5.3. Preocupações

A maior preocupação relativamente ao mercado da biomassa estava associada à organização do comércio (Comissão das Comunidades Europeias 2005). A organização do mercado dos biocombustíveis caracterizava-se pelo facto de não existirem mercados centrais, regionais ou locais. Consequentemente, os preços dos fornecimentos imediatos e futuros não eram transparentes. Este facto tornava muito complicado para os consumidores fazer escolhas sobre a utilização de bioenergia e, além disso, era mais difícil obter uma visão completa de todas as condições relevantes para um investimento. Por conseguinte, é seguro concluir que o mercado dos biocombustíveis dependia do envolvimento do governo ou de outras autoridades para estabelecer um mercado mais funcional, que pudesse dar início à expansão do mercado. As possibilidades de um mercado e a sua organização para a bioenergia deviam ser consideradas para criar cadeias logísticas eficientes.

A evolução do futuro nível de preços das fontes de energia concorrentes (por exemplo, energia hidroelétrica, petróleo e gás) definiu um quadro crítico para a utilização da bioenergia a longo prazo. Além disso, o desenvolvimento da bioenergia foi afetado pela política energética (por exemplo, mais energia renovável, maior flexibilidade), pelos objectivos da política agrícola (por exemplo, aumento da base industrial nos distritos, crescimento excessivo das terras aráveis), pela política ambiental (clima, turismo) e pelas infra-estruturas (crescimento excessivo das estradas).

Estes objectivos foram reflectidos em leis e regulamentos, por exemplo, impostos e subsídios, que por sua vez afectam a futura produção e utilização da bioenergia (Energydata *et al.* 2005 p.8).

Os outros problemas eram o bolor, a podridão e os danos causados pelo fogo. Estes problemas podem ser resolvidos eficazmente através da conversão dos resíduos de culturas em combustível densificado. O próximo grande constrangimento dizia respeito às questões de transporte dos resíduos de culturas. O custo do transporte acabou por ser um fator importante que determinou a viabilidade económica de toda a operação.

5.4. Transportes

O transporte foi um dos elementos mais importantes das cadeias logísticas, em que a distribuição da procura e da oferta na zona teve de ser tida em conta. Mais uma vez, foi necessário obter estatísticas sobre a distribuição local dos recursos de biomassa na zona, tendo sido necessário fazer várias suposições. Partiu-se do princípio de que existia uma relação entre a quantidade de colheita e a quantidade de recursos disponíveis.

Alguns países abordaram este problema através da criação de cadeias de abastecimento ligadas às fábricas existentes e do apoio à organização de sistemas logísticos. O desempenho de uma cadeia logística depende de um grande número de variáveis. Os três principais elementos que determinam o custo de uma cadeia logística são (Energydata *et al.* 2005 p.32-35):

- Produção: a quantidade de resíduos agrícolas que está a ser produzida ou tratada
- Dimensão da tarefa: o fator de trabalho que tem de ser feito com a biomassa, por exemplo, o transporte da biomassa de um local para outro, o tratamento, etc.
- Sistema: a componente utilizada para resolver a tarefa. Inclui os custos unitários por unidade de tarefa e por unidade de produção. O custo unitário depende da tecnologia, da capacidade, etc.

Uma avaliação económica mais abrangente dos recursos de resíduos de biomassa tem em conta outros custos que variam com o tipo de biomassa, a distância e a infraestrutura de transporte (Langholtz *et al.* 2006). A fim de explorar a possibilidade de melhorias e encontrar uma cadeia logística eficiente, os efeitos destas variáveis devem ser calculados. Para isso, diferentes opções devem ser inseridas no contexto. Devem ser desenvolvidos diferentes cenários que determinem a procura de bio-calor e a oferta de bioenergia na área atual para avaliar as cadeias logísticas e os possíveis efeitos de eficiência e sinergia. Em tais avaliações, é apropriado diferenciar entre quatro efeitos principais (Energydata *et al.* 2005 p.9):

- Efeitos de escala - Esta é uma situação que ocorre quando o custo unitário de fornecimento de um produto é reduzido através do aumento do volume de fornecimento. Este aumento de volume pode ser conseguido através de uma maior procura, da centralização da produção em unidades maiores ou da cooperação/fusão

  com empresas semelhantes.
- Existem efeitos de unidade quando existe a possibilidade de eliminar funções. Isto pode ser conseguido através da cooperação/fusão entre empresas, quer dentro do mesmo sector, quer entre sectores diferentes, quer com fornecedores ou clientes.

- Existem efeitos de dispersão quando o custo de fornecimento de vários produtos em

conjunto é inferior

  do que fornecendo-os separadamente. Este objetivo pode ser alcançado através da cooperação/fusão entre empresas que produzem ou fornecem produtos diferentes.

- Existem efeitos de eficiência quando o custo unitário do fornecimento de um produto é reduzido sem aumento de volume. Isto pode ser conseguido através do aumento da eficiência dos processos nas cadeias.

5.5. Referências

Bowyer, J. L., Howe, J.e K. Fernholz. 2006. Biomass Energy - From farms to Forests an emerging Opportunity for Rural America [Energia da biomassa - das explorações agrícolas às florestas, uma oportunidade emergente para a América rural]. Dovetail Partners, Inc. Disponível online em http://www.agmrc.org/media/cms/FeasabilityofProducingEthanolFromBi4B53523F56DEE.pdf; acedido em 26 de setembro de 2011.

Castellano, P.J., Volk, T.A. e L.P. Herrington. 2009.Estimates of technically available woody biomass feedstock from natural forests and willow biomass crops for two locations in New York State. Biomassa e bioenergia (33): 393-406.

Comissão das Comunidades Europeias. 2005. Comunicação da Comissão - Plano de ação Biomassa. Bruxelas, 7.12.2005 COM(2005) 628 final.

Demirbas, A. 2008. Fontes de biocombustíveis, política de biocombustíveis, economia de biocombustíveis e projecções globais de biocombustíveis. Energy Conversion and Management 49 (2008) 2106-2116

Doornbusch, R. e R. Steenblik. 2007. REV1 Biofuels: Is the Cure worse than the Disease? OCDE= s Round Table on Sustainable Development SG/SD/RT3.

Easterly, J.L. e M. Burnham. 1996. Overview of biomass and waste fuel resources for power production. Biomass and Bioenergy 11(2)(3): 72-92.

Energy data AS, Instituto de Economia dos Transportes e KEMA Consulting. 2005. Cadeias logísticas de bioenergia. Relatório final para o ENOVA.

Administração da Informação sobre Energia (EIA). 2005. Disponível online em http://www.eia.doe.gov/ kids/energyfacts/sources/renewable/morebiomass.html; acedido em 26 de setembro de 2011.

Administração da Informação sobre Energia (EIA). 2011. Petroleum (maio de 2011) Disponível em linha em http://www.eia.gov/energyexplained/index.cfm?page=oil home#tab2; avaliado em 11.3.2011.

União Europeia. 2006. Plano de Ação da UE para as Florestas. Comissão Europeia para a Agricultura e o Desenvolvimento Rural 2007-2011. P12. Disponível em linha http://ec.europa.eu/agriculture/ fore/publi/2007_2011/brochure_en.pdf ; avaliado em 11.7.2011.

Hillring, B., e M. Trossero. 2006. International wood-fuel trade - an overview, Energy for Sustainable Development, Volume X No. 1.

IPCC. 1997. Greenhouse Gas Inventory Reference Manual: Revised 1996 IPCC Guidelines for National Greenhouse Gas Inventories, Report vol. 3, p. 1.53, Intergovernmental Panel on Climate Change (IPCC), Paris, França;. <www.ipcc.ch/pub/guide.htm >.

Lal, R. 2005. World crop residues production and implications of its use as a biofuel. Ambiente International 31 (2005) 575- 584.

Langholtz, M., Carter, D., Marsik, M. e R. Schroeder. 2006. Measuring the Economics of Biofuel [Medindo a Economia do Biocombustível]. Disponível online em http://www.esri.com/news/arcuser/1006/biomass1of2.html; acedido em 26 de setembro de 2011.

LSU AgCenter. 2012. Totais das freguesias em 2011. Disponível online em http://www.lsuagcenter.com /mcms/webtools/viewExternal.aspx?url=http://www.lsuagcenter.com/agsummary/index.a spx ; última avaliação em 12/2/2011.

Lunnan, A. 1997. Agriculture-based biomass energy supply- a survey of economic issues. Energy Policy 25(6): 573-582.

M'ollerstena, K., Yana, J., e J. Moreirab. 2003. Potential market niches for biomass energy with CO2 capture and storage-Opportunities for energy supply with negative CO2 emissions, Biomass and Bioenergy 25 (2003): 273 - 285.

Departamento de Energia do Oregon. 2003. Avaliação de recursos de biomassa e opções de utilização para três condados no leste do Oregon. Número do contrato: C03057.

Perlack, R. L., Wright, L. L., Turhollow, A. F., Graham, R. L., Stokes, B.J. e D. C. Erbach. 2005. Biomass as feedstock for a bioenergy and bioproducts industry: the technical feasibility of a billion-ton annual supply. Technical report DOE/GO-102005-2135, Washington D.C.: U.S. Department of Agriculture and U.S. Department of Energy.

Voivontas, D., Assimacopoulos, D e E.G. Koukios. 2001. Assessment of biomass potential for power production: a GIS based method Biomass and Bioenergy 20(2001):101-112.

Walsh, M.E. 2008. U.S. Cellulosic Biomass Feedstock Supplies and Distribution, 10 de janeiro de 2008. M&E Biomassa

CAPÍTULO 6: OBJECTIVOS E METODOLOGIA

6.1. Objetivo I

Determinar a produção paroquial de resíduos das principais culturas agrícolas

6.1.1. Metodologia

O resíduo de biomassa criado a partir de sectores agrícolas foi obtido a partir do LSU AgSummary- Parish totals Summary criado pelo LSU AgCenter (2012). Este fornece dados relativos às freguesias sobre as culturas produzidas, o número de produtores, o número de hectares cultivados, o rendimento por hectare, o valor bruto da produção agrícola, etc. Para este estudo, foram utilizados os dados de 2005 a 2011. Para estudar a produção de resíduos agrícolas no Estado, as 9 culturas selecionadas foram o arroz, a cana-de-açúcar, o algodão, a aveia, a soja, a batata, o amendoim, o trigo e o sorgo. A principal razão por detrás da seleção foi o facto de estas culturas constituírem a maior produção agrícola do Estado.

Este valor foi posteriormente inserido na seguinte equação (Milbrandt 2005), dependendo da cultura cultivada, para estimar o resíduo de cultura que pode ser produzido em cada freguesia do estado.

Para as culturas cuja produção foi comunicada em libras, como o amendoim, o algodão, o arroz e a batata:

BDT resíduo = (produção vegetal * rácio cultura/resíduo * % de matéria seca) / 2205

Para culturas comunicadas em UB como o milho, a aveia, o sorgo, a soja e o trigo:

Resíduo BDT = produção vegetal * rácio cultura/resíduo * Matéria seca % / K

Para as culturas declaradas em toneladas curtas (US) (cana-de-açúcar):

Resíduo de BDT = produção vegetal * rácio cultura/resíduo * % de matéria seca * 0,9072

Aqui, BDT - Bone dry tons, BU - Bushel, 1 metric ton (MT) = 2205 libras e K - conversão de BU para MT ou 2205 / Bushel weight (in Lbs). 0,9072 - conversão de toneladas curtas (US) para toneladas métricas. O rácio cultura/resíduo é apresentado no Quadro 5.

Tabela 5. Relação cultura-resíduo e teor de humidade de culturas selecionadas (Milbrandt 2005)

Crops Selected	Ratio of Residue to Crop Volume	Moisture Content (Percent)	Bushel Weight (lbs)
Barley	1.2	14.5	48
Corn	1	15.5	56
Cotton	4.5	12	32
Oats	1.3	14	32
Peanuts	1	9.9	22
Potatoes	0.4	13.3	60
Rice	1.4	15	45
Sorghum	1.4	12	56
Soybeans	2.1	13	60
Sugar Cane	1.6	62.8	50
Wheat	1.3	13.5	60

6.2. Objetivo II

Comparar os três modos diferentes de transporte de resíduos agrícolas (mercadorias): ferroviário, rodoviário e marítimo

6.2.1. Metodologia

A informação obtida a partir de todo este conjunto de dados foi utilizada para criar pools de biomassa, que podem ser posteriormente desenvolvidos num mapa num sistema de informação geográfica (SIG) por freguesia. A informação sobre o transporte foi ainda ligada a este mapa, para obter o produto mais eficiente em termos de custos para a produção de energia a partir da biomassa no estado.

A construção dos mapas que mostravam a produção e os modos de transporte dos resíduos agrícolas no estado, utilizando o SIG, foi semelhante aos procedimentos empregados na elaboração dos mapas de resíduos madeireiros, exceto pelo fato de que os dados de produção de resíduos agrícolas foram inseridos nos pontos em vez de resíduos madeireiros. Também aqui foi utilizada a ANOVA para verificar a significância entre as diferentes freguesias do estado.

6.3. Referências

LSU AgCenter. 2012. Totais das freguesias em 2011. Disponível online em http://www.lsuagcenter.com /mcms/webtools/viewExternal.aspx?url=http://www.lsuagcenter.com/agsummary/index .aspx ; última avaliação em 12/2/2011.

Milbrandt, A. 2005. A Geographic Perspective on the Current Biomass Resource Availability in the United States (Uma perspetiva geográfica sobre a atual disponibilidade de recursos de biomassa nos Estados Unidos). Relatório técnico NREL/TP-560-39181. dezembro de 2005

CAPÍTULO 7: RESULTADOS

A agricultura é um segmento altamente sofisticado da economia nacional e mundial e torna-se cada vez mais a cada ano (LSU AgCenter 2012). A produção agrícola no estado estava concentrada na faixa oriental e central do estado. Havia 7 paróquias no estado que não tinham cultivo agrícola; estas eram Lincoln, Sabine, Vernon, Orleans, Jefferson, Plaquemine e São Bernardo.

As 9 culturas selecionadas foram o arroz, a cana-de-açúcar, o algodão, a aveia, a soja, a batata, o amendoim, o trigo e o sorgo (Fig. 12). A soja, o arroz, o milho e a cana-de-açúcar constituíram mais do que a produção das culturas cultivadas no estado (Tabela 6). O resíduo agrícola médio produzido no estado foi de 6.773.985 BDT e concentrou-se nas regiões nordeste e central do estado. Morehouse, Madison, Franklin, East Carroll e Pointe Coupee estavam entre os maiores produtores do estado (Fig. 13).

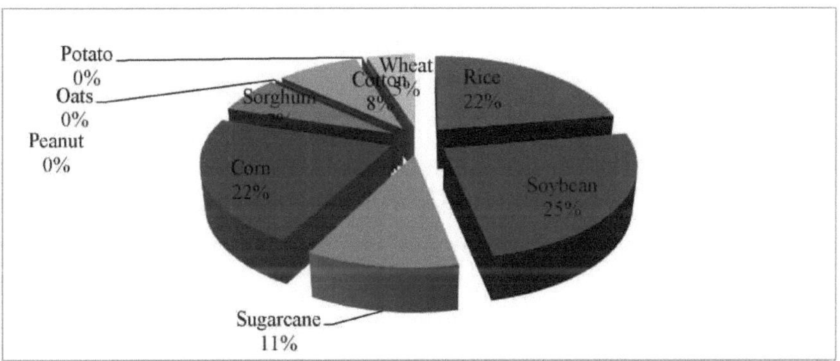

Figura 12. Produção total (percentagem) das principais culturas agrícolas cultivadas no Louisiana

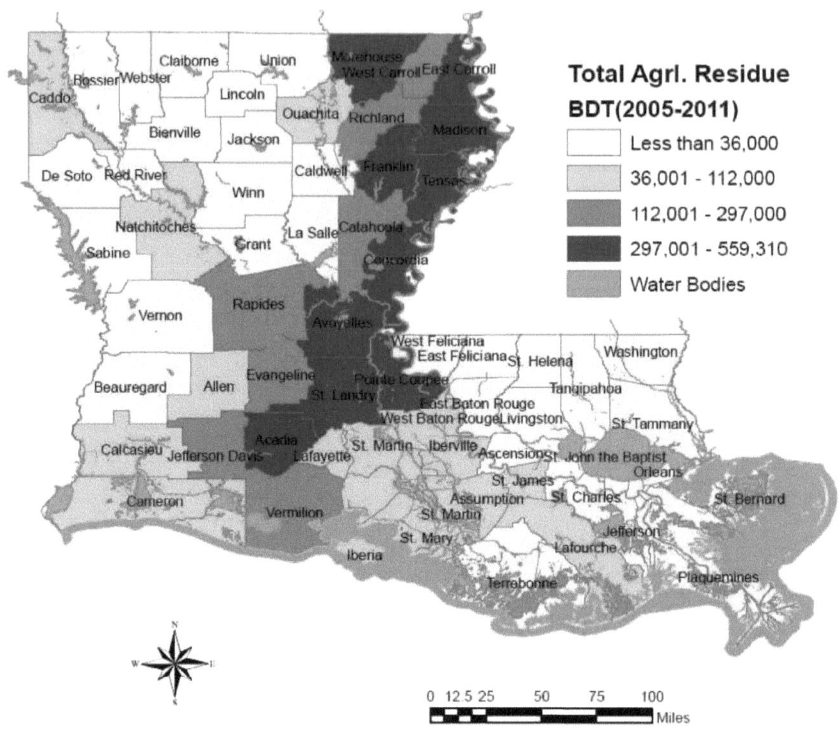

Figura 13. Produção total de resíduos agrícolas no Louisiana (2005-2011)

Tabela 6. Produção média de resíduos das principais culturas cultivadas no Louisiana (2005-2011)

Crop	Average Residue Production (BDT)
Soybean	1,656,814
Rice	1,514,797
Corn	1,502,670
Sugarcane	738,982
Cotton	564,332
Sorghum	446,398
Wheat	337,025
Oats	6,830
Potato	5,828
Peanut	309

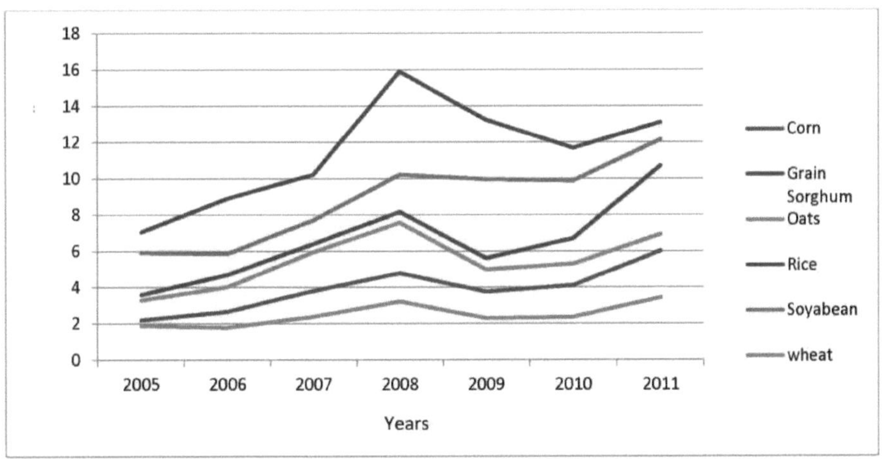

Figura 14. Flutuação do preço unitário das principais culturas agrícolas no Louisiana (2005-2011)

Em média, verificou-se um aumento de 105% no preço de todas as principais culturas selecionadas, com exceção da batata, que registou uma diminuição de 57%. O maior aumento registou-se em

2007-2008 (aumento de 28%), exceto para o amendoim e a cana-de-açúcar (Fig. 14). Mas, em 2008-2009, quase todas as culturas registaram uma descida de preço (17%).

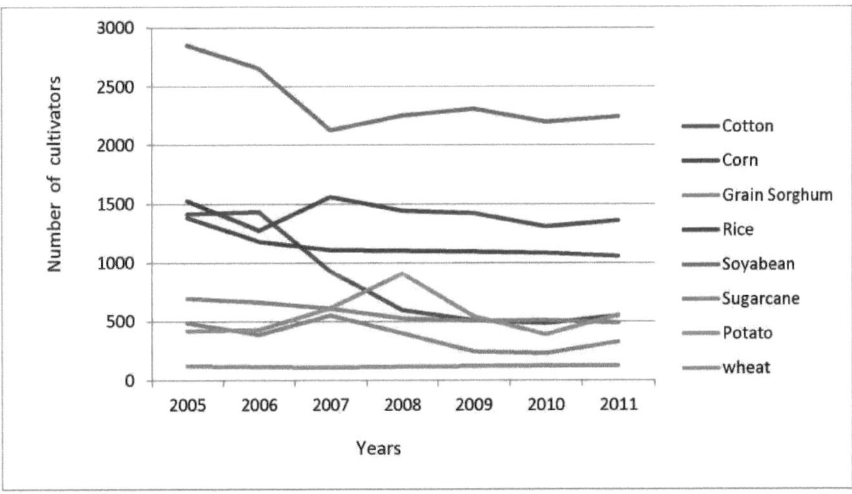

Figura 15. Número de cultivadores das principais culturas agrícolas no Louisiana (2005-2011)

Em geral, o número de cultivadores tem vindo a diminuir de forma constante para estas culturas selecionadas (Fig. 15). A maior diminuição registou-se no algodão (61%). Apenas a batata e o trigo registaram um aumento do número de cultivadores.

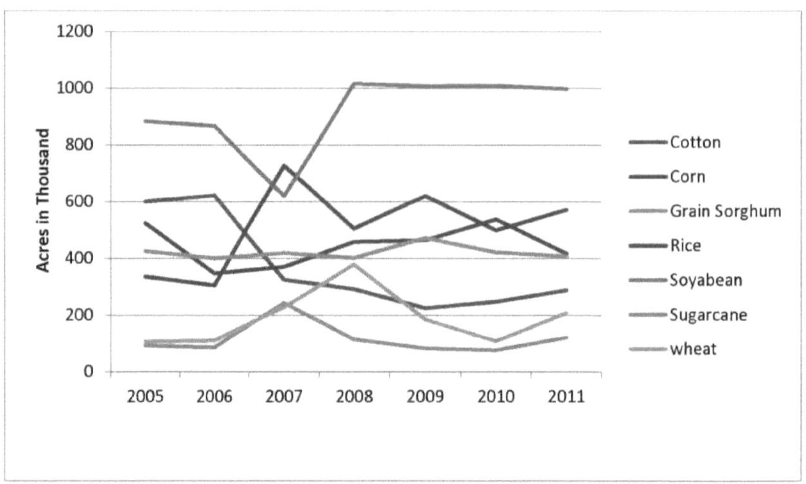

Figura 16. Área de cultivo das principais culturas agrícolas, Louisiana (2005-2011)

Relativamente à terra cultivada, verificou-se uma queda na área de cultivo de algodão (52 por cento) e arroz (20 por cento) de 2005 a 2011 (Fig. 16). Mas houve um grande aumento na área de trigo (95 por cento) e milho (70 por cento) no estado.

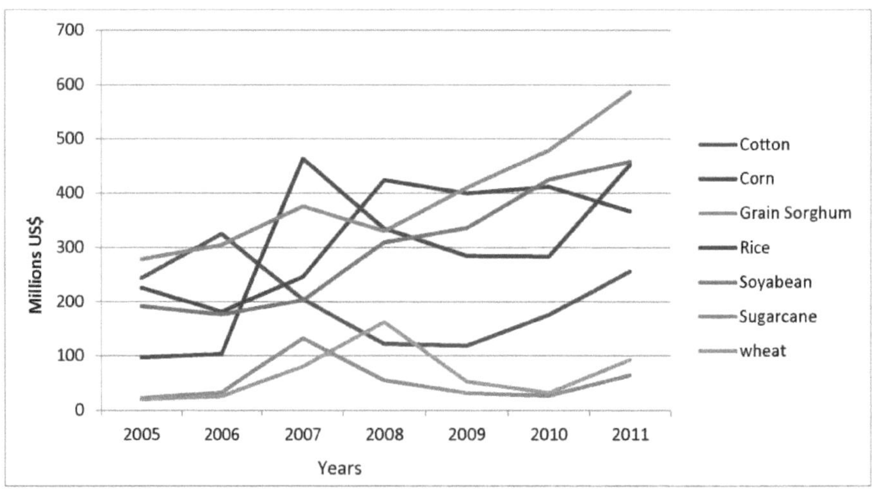

Figura 17. Valor bruto da exploração para as principais culturas agrícolas no Louisiana (2005-2011)

O valor bruto da exploração para quase todas as culturas selecionadas registou um aumento ao longo deste período (Fig. 17). Um crédito parcial vai para a inflação no preço dos produtos agrícolas

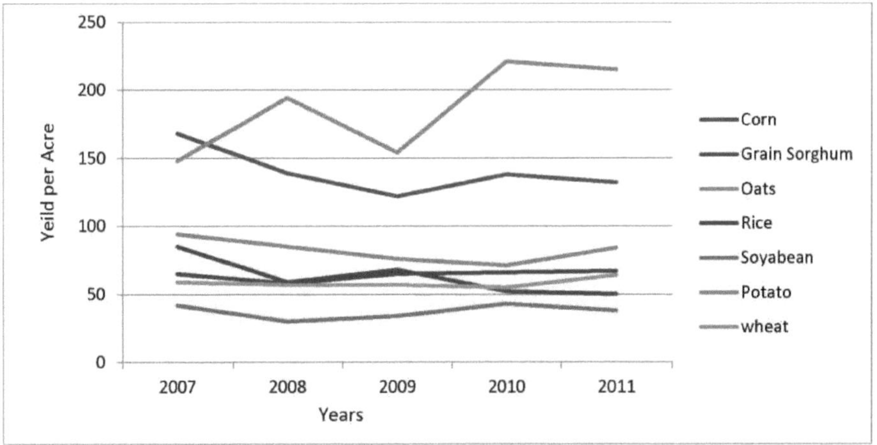

Figura 18. Rendimento por acre das principais culturas agrícolas no Louisiana (2005-2011)

Apesar dos grandes avanços tecnológicos registados todos os anos na região, curiosamente o rendimento por hectare estava a diminuir para todas as principais culturas no estado, exceto a batata e o arroz (Fig. 18).

7.1. Análise de variância

O teste estatístico foi efectuado nos dados obtidos para verificar se existia uma diferença significativa entre as várias caraterísticas estudadas. Os resultados mostraram que não houve diferença significativa entre os anos para as culturas (exceto algodão e sorgo). Mas quando se tratou de entre freguesias, houve uma diferença significativa entre elas para cada freguesia. Também se registou uma diferença significativa entre as produções das culturas.

7.2. Produção de resíduos de culturas

7.2.1. Arroz

A produção média total de resíduos de arroz de 2005 a 2011 foi de 1.514.797 Bone Dry toneladas.

Acadia, Jefferson Davis, Vermillion, Evangeline e Morehouse lideraram a produção. Havia 30 paróquias que produziam arroz no estado de Louisiana (Fig. 19). A maioria delas situava-se na região nordeste e central do estado. Em média, 30 paróquias cultivavam arroz. A média de arroz produzido por acre durante este período foi de 64 cwt. e havia cerca de 445.308 acres de terra utilizados para o cultivo de arroz no estado. As principais formas de resíduos são a casca, a palha e o farelo.

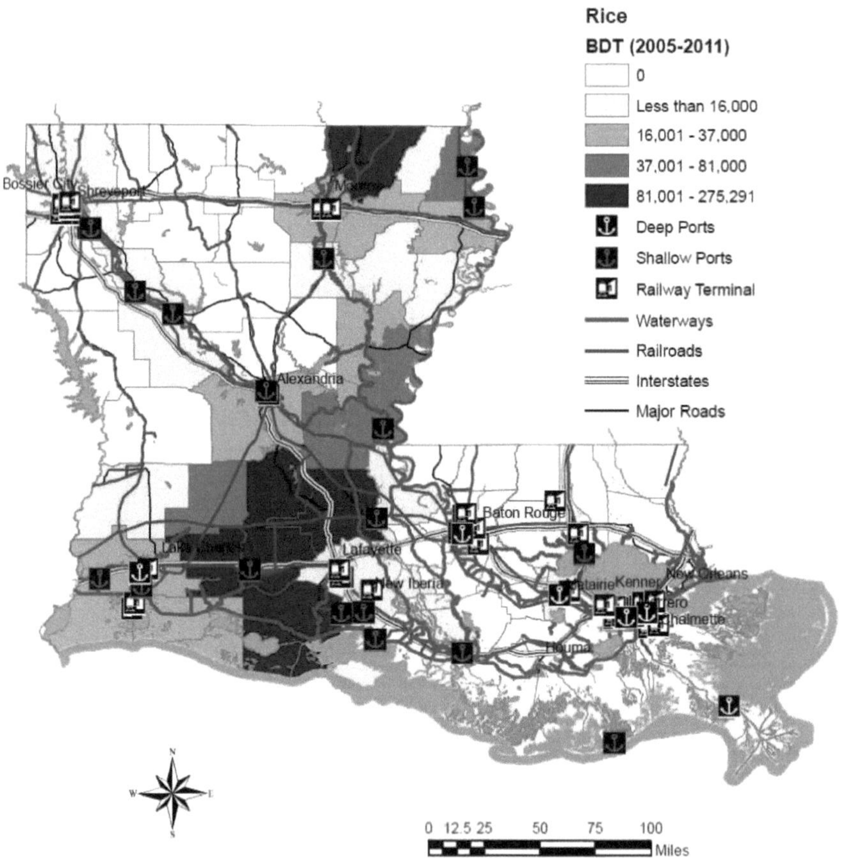

Figura 19. Opções de transporte para os resíduos de arroz produzidos no Louisiana

Quando as opções de transporte foram consideradas para o arroz, a água e a estrada tiveram um papel significativo. Uma vez que a produção de arroz, em geral, se concentrava perto do sistema fluvial, sendo o Mississipi o principal, o transporte por água era visto como uma opção viável. O transporte por água era feito principalmente através de barcaças. Mas não havia grandes terminais ferroviários nas zonas de produção de arroz.

7.2.2. Cana-de-açúcar

No caso da cana-de-açúcar, a média da produção total de resíduos de 2005 a 2011 foi de 738 982 toneladas Bone Dry. As paróquias que lideraram a produção foram Iberia, Assumption, Iberville, St. Mary, Point Coupee e St. Martin (Fig. 20). Havia 24 paróquias que cultivavam cana-de-açúcar no estado. A maioria delas estava na região centro-sul do estado. A média de cana-de-açúcar produzida por acre foi de 6946 lbs. e cerca de 421.000 acres de terra foram usados para o cultivo de cana-de-açúcar no estado.

Ao contrário do arroz, o transporte ferroviário também era adequado para a cana-de-açúcar. Os terminais intermodais de Lafayette, Baton Rouge e New Iberia podiam ser utilizados para o transporte ferroviário e a I-10 atravessava diretamente a cintura da cana-de-açúcar no Louisiana. As freguesias produtoras de cana-de-açúcar também tinham acesso aos principais portos de águas profundas, como o porto de Baton Rouge, e a um grande número de portos pouco profundos.

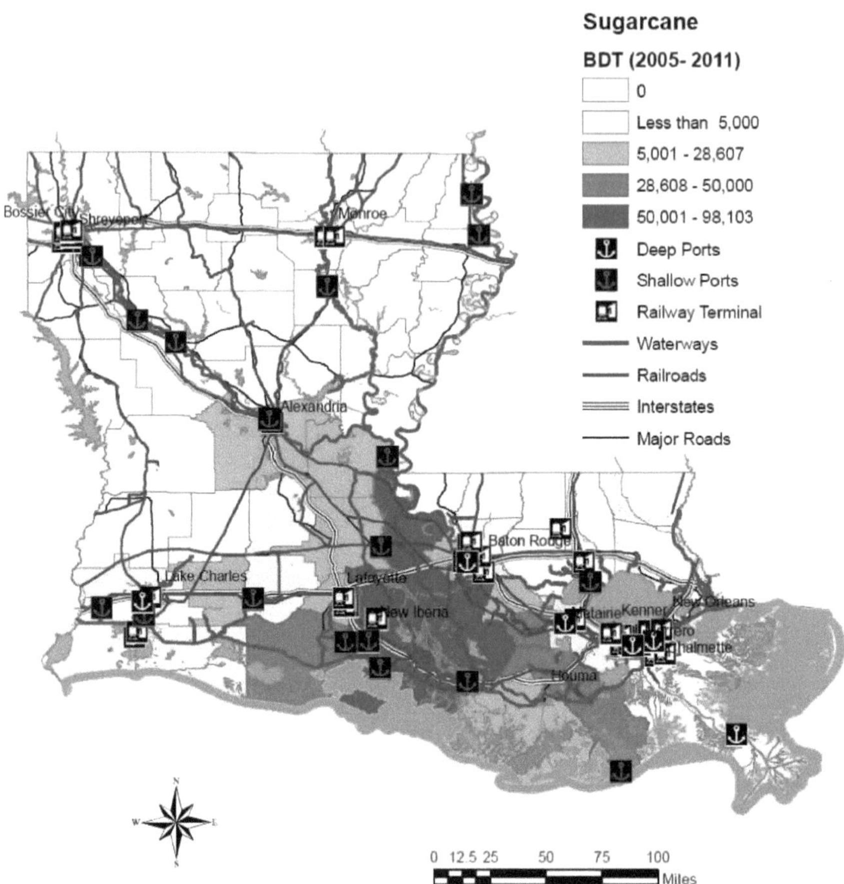

Figura 20. Opções de transporte para resíduos de cana-de-açúcar produzidos na Louisiana.

7.2.3. Milho

O milho foi a matéria-prima para etanol mais utilizada nos EUA. A produção média de milho no estado nos últimos 6 anos foi de 1.502.670 BDT. As plantações de milho estavam concentradas principalmente na ponta nordeste do estado e reduziram-se gradualmente à medida que se deslocavam para sul. Franklin, Morehouse, Madison, Richland, East Carroll e Tensas produziram a maior quantidade de milho (Fig. 21). Houve novamente 41 paróquias que produziram milho. A produção média de milho por acre foi de 140 bu. e a área média foi de 508.911 acres. O principal tipo de resíduos da cultura do milho foi a forragem, os caules, as folhas, as raízes e as cascas.

No que diz respeito ao transporte de resíduos, o milho tinha as três opções. Na rede rodoviária, a interestadual I-20 ficava nessa região. Quanto aos caminhos-de-ferro, o terminal intermodal de Monroe era o mais próximo. Havia dois portos de águas pouco profundas nas freguesias de East Carroll e Madison, que asseguravam o transporte por água para a Corn Belt.

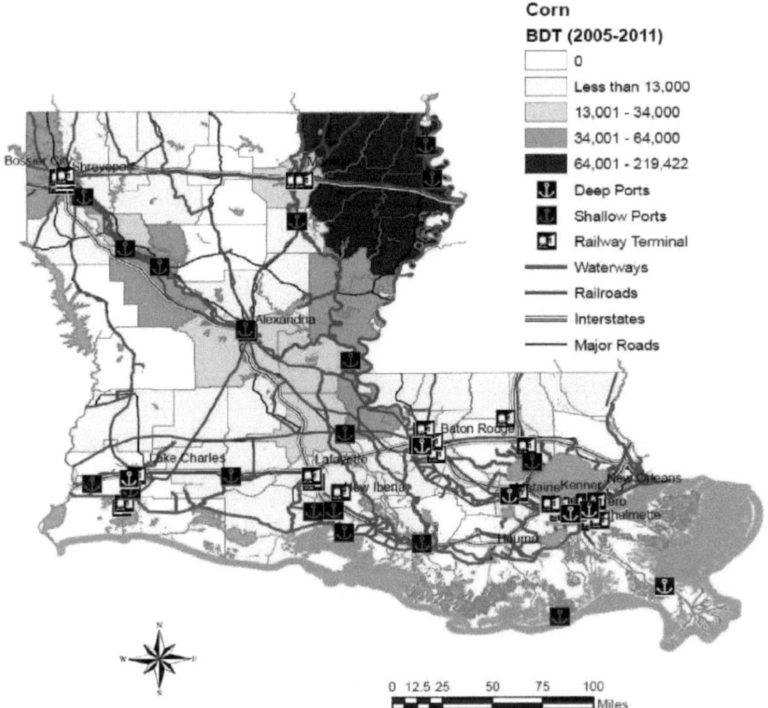

Figura 21. Opções de transporte para resíduos de milho produzidos em Louisiana.

7.2.4. Soja

A soja foi a cultura mais cultivada no Estado. Cerca de 50 freguesias das 64 freguesias cultivavam soja. O resíduo médio total de 2005-2011 foi de 1.656.814 BDT. Representou aproximadamente 25 por cento dos resíduos agrícolas considerados para o estudo. Soja O cultivo no estado foi encontrado na região nordeste e central do estado ao longo do Mississippi. East Carroll, Pointe

Coupee, St. Landry, Madison, Morehouse, Avoyelles e Concordia foram os principais produtores de soja no Estado (Fig. 22). A média de soja produzida por acre foi de cerca de 37 bu. e cerca de 914.055 acres foram cultivados com soja. A palha obtida da soja era o principal resíduo.

No que diz respeito ao transporte, o transporte rodoviário e fluvial era o mais adequado para esta cultura. As estradas interestaduais I-49 e I-10 atravessavam a cintura da soja. Monroe, Baton Rouge e Lafayette eram os terminais ferroviários mais próximos. Além disso, existiam quatro portos de águas pouco profundas na região e o porto de águas profundas de Baton Rouge, nas proximidades das freguesias com maior produção de soja.

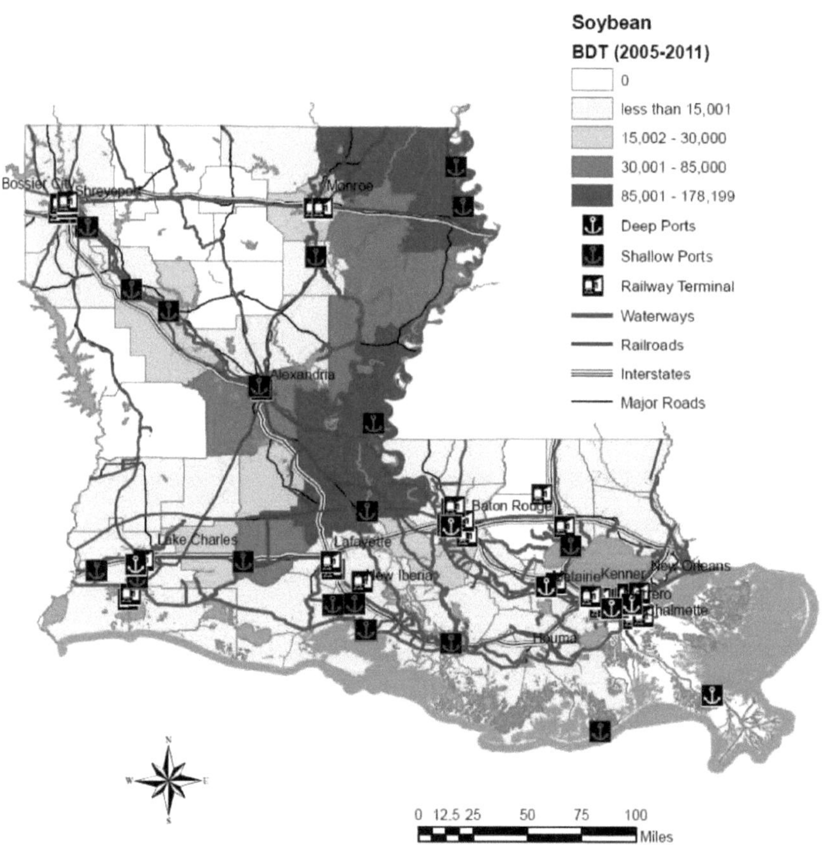

Figura 22. Opções de transporte para resíduos de soja produzidos na Louisiana

7.2.5. Trigo

A produção total de resíduos de trigo no Estado foi de 337 025 BDT. Pointe Coupee, Franklin, Richland, West Carroll e Morehouse foram os principais produtores. O estado contava com uma média de 189.381 acres de campos de trigo e produzia cerca de 58bu. por acre. O trigo era cultivado em 37 paróquias. Tal como a soja, a produção de trigo também se concentrava nas freguesias do nordeste e na região central do estado. Por conseguinte, a opção de transporte para a cultura era comparável à da soja, com a I-20, a I-49 e a I-10 a atravessarem a cintura do trigo e Monroe, Baton Rouge e Lafayette como os terminais intermodais ferroviários mais próximos. O transporte por água também era semelhante, com 5 portos de águas pouco profundas na região e o porto de águas profundas de Baton Rouge nas proximidades. No trigo, a palha era a principal forma de resíduo.

7.2.6. Algodão

O algodão era uma das principais culturas produzidas no Louisiana. Em média, nos últimos 6 anos (2005-2011), foram produzidos 564.332 BDT de resíduos de algodão. Todas as regiões de cultivo de algodão no estado estavam próximas de sistemas fluviais. As regiões de maior produção de algodão do Estado situam-se na parte nordeste, com Tensas, Madison, Catahoula, Franklin, Concordia e Morehouse a registarem a produção máxima no Estado (Fig. 23). 371.520 acres de terra foram dedicados ao algodão. Os principais resíduos do algodão eram o lixo do descaroçador, as sementes e o fiapo.

Quanto aos transportes, as regiões de maior produção de algodão tinham pouco acesso aos caminhos-de-ferro, com apenas um terminal intermodal ferroviário em Monroe. Todos os quatro portos nordestinos podiam ser utilizados para o transporte por água. Mais uma vez, a I-20 era a única estrada interestadual que atravessava a região.

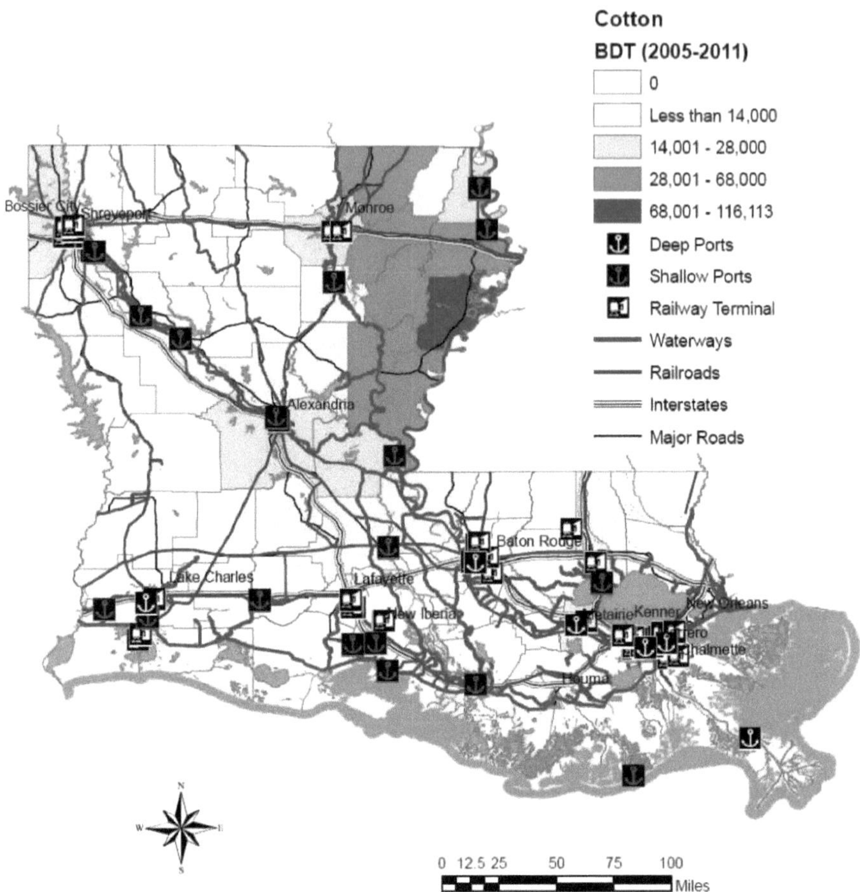

Figura 23. Opções de transporte para resíduos de algodão produzidos no Louisiana

7.2.7. Sorgo de grão

A média total de resíduos de sorgo produzido foi de cerca de 446,398 BDT. O sorgo foi cultivado em 32 paróquias, situadas na região central do Estado, sendo Avoyelles, Catahoula, Concordia, St. Landry, Pointe Coupee e Rapides os principais produtores. Em média, foram cultivados 116.413 acres de sorgo e o rendimento médio por acre foi de 63 cwt.

No que se refere ao transporte por água, a zona de produção de sorgo podia utilizar os portos de Alexandria, Avoyelles e St. Landry. Quanto aos portos de águas profundas, Baton Rouge era o mais próximo. Os terminais ferroviários mais próximos situavam-se em Alexandria, Lafayette e Baton Rouge. A I-49 e a I-10 eram as auto-estradas que atravessavam a região.

7.2.8. Aveia

O principal resíduo da produção de aveia era a palha de aveia. Foi utilizada principalmente para a produção de camas e de etanol. A produção média total de resíduos foi de 6830 BDT. Cerca de 23 paróquias produziram aveia em 5.294 acres de terra, das quais Concordia, West Carroll, Franklin, Richland e Pointe Coupee foram os principais produtores.

7.2.9. Amendoim

Os principais resíduos do amendoim são as cascas, as vinhas e os frutos secos. Morehouse e Richland foram as duas únicas freguesias que produziram amendoim e o resíduo médio produzido foi de 309 BDT. Sabe-se muito pouco sobre o seu potencial para a produção de energia. Mas são produzidas cerca de 2,5 T de videiras por acre.

7.2.10. Batata

Foram produzidos cerca de 5828 BDT de resíduos na batata. A batata foi cultivada em 25 paróquias, sendo Livingston, West Feliciana, Pointe Coupee e Caddo os principais produtores. Em média, foram cultivados 199 acres de batata e o rendimento médio por acre foi de 186 cwt.

7.3. Referência

LSU AgCenter. 2012. Totais das freguesias em 2011. Disponível online em http://www.lsuagcenter.com /mcms/webtools/viewExternal.aspx?url=http://www.lsuagcenter.com/agsummary/index.a spx ; última avaliação em 12/2/2011.

CAPÍTULO 8: DEBATE

O rápido aumento do volume e dos tipos de resíduos agrícolas, devido à atual agricultura intensiva, na sequência do crescimento demográfico e da melhoria do nível de vida, resultou numa grave crise, uma vez que estes resíduos agrícolas em degeneração emitem metano e lixiviados. Para além disso, a queima a céu aberto pelos agricultores nos países em desenvolvimento para limpar as terras gera CO_2 e outros poluentes locais. Consequentemente, a gestão incorrecta dos resíduos agrícolas tem contribuído para as alterações climáticas, a contaminação da água e do solo e a poluição atmosférica local. No entanto, estes resíduos têm um valor energético que pode ser extraído de forma económica.

A nível mundial, cerca de 140 mil milhões de toneladas métricas de biomassa são geradas anualmente a partir da agricultura. Este volume de biomassa pode ser convertido em cerca de 50 mil milhões de toneladas de petróleo, e os resíduos de biomassa agrícola convertidos em energia podem substituir substancialmente os combustíveis fósseis, reduzir as emissões de gases com efeito de estufa e fornecer energia renovável a cerca de 1,6 mil milhões de pessoas nos países em desenvolvimento. Como matérias-primas, os resíduos de biomassa têm um potencial atrativo para indústrias de grande escala e empresas a nível comunitário (PNUA 2009).

No Louisiana existem várias fontes de resíduos das principais culturas que poderiam ser utilizadas para produzir etanol e eletricidade. Por exemplo, cascas de arroz têm sido usadas no sudoeste da Louisiana para produzir eletricidade, e o bagaço de cana-de-açúcar é usado pelas fábricas de açúcar como combustível (LSU AgCenter 2012). Em geral, a energia da biomassa tem o potencial de fornecer uma parte significativa das necessidades energéticas do país, revitalizando ao mesmo tempo as economias rurais, aumentando a independência energética e reduzindo a poluição. Para além disso, os agricultores ganhariam um novo rendimento valioso para os seus produtos. Além disso, as comunidades rurais poderiam tornar-se totalmente auto-suficientes no que diz respeito à energia, utilizando culturas e resíduos cultivados localmente para abastecer automóveis e tractores e para aquecer e alimentar casas e edifícios. Atualmente, a biomassa fornece cerca de dois por cento da eletricidade do país, um por cento do combustível utilizado em automóveis e camiões e parte do calor e do vapor utilizados por casas e empresas.

Com mais culturas energéticas e melhor tecnologia de conversão, poderia ganhar uma parte muito maior do mercado. As oito principais culturas americanas produzem mais de 500 milhões de toneladas de resíduos por ano (Nelson 2002). Uma parte destes resíduos pode estar disponível para ser colhida e utilizada como matéria-prima para a produção de energia a partir da biomassa (Andrews 2006).

Um fator determinante para o abastecimento de biomassa é uma infraestrutura que assegure uma logística e um manuseamento economicamente viáveis das matérias-primas desde a exploração agrícola até à fábrica. Outros factores determinantes incluem a procura regional, os recursos locais (água) e a infraestrutura de apoio (por exemplo, instalações de armazenamento, estradas, caminhos-de-ferro e barcaças para o transporte das matérias-primas).

Analisando a produção total de resíduos agrícolas no Louisiana, o cultivo concentrava-se perto das margens dos principais sistemas fluviais. Verificou-se igualmente que a maior parte das terras férteis nas margens do Mississipi era utilizada para o cultivo agrícola, ao passo que as freguesias proeminentes na produção de madeira não eram atravessadas por rios importantes. Curiosamente, as freguesias com maior produção de resíduos de exploração madeireira, como Union, Sabine, Vernon, Bienville, Jackson, Winn, etc., quase não tinham resíduos agrícolas (exceto Beauregard). Além disso, a maior parte das culturas não estava distribuída de forma homogénea. Cada cultura tinha a sua própria região dentro do Estado. Por exemplo, a produção de cana-de-açúcar concentrava-se na região sul do Estado.

Um dos desafios fundamentais para melhorar a produção e a distribuição de resíduos agrícolas é a gestão do aumento da procura de infra-estruturas de transporte e armazenamento de matérias-primas e o desenvolvimento de modos de distribuição mais eficientes para os biocombustíveis. Se as melhorias logísticas tornarem as matérias-primas de biomassa economicamente viáveis em termos de entrega e armazenamento, tal conduzirá eventualmente a uma maior disponibilidade de matérias-primas e a preços mais baixos. Isto é particularmente relevante para as matérias-primas de biomassa emergente, como os resíduos agrícolas, que ainda não criaram uma infraestrutura de colheita, transporte e armazenamento para a utilização em biocombustíveis. Se estas questões forem resolvidas, uma melhor comercialização permitirá que os produtores de matérias-primas obtenham rendimentos mais elevados (BDRB 2008).

Em geral, todos os principais meios de transporte podem ser utilizados para o transporte de resíduos agrícolas. Ao contrário das grandes freguesias produtoras de resíduos florestais, todas as grandes freguesias agrícolas estão próximas dos portos do Estado. Isto abriu-lhes o acesso ao sistema hidroviário, que poderia desempenhar um papel importante, uma vez que era o meio de transporte mais barato (Fig. 24). As auto-estradas como a I-20, I-10 e I-49 também ligavam as várias freguesias produtoras agrícolas. Os terminais intermodais ferroviários em Monroe e Alexandria podiam também complementar a distribuição a nível estatal e intra-estatal. De facto, os produtos agrícolas (20,9%) foram um dos nove tipos de mercadorias que dominaram a tonelagem terminada por caminho de ferro no Louisiana e originada por caminho de ferro fora do Estado. No conjunto (todos os tipos de movimento), os produtos agrícolas (cereais, incluindo trigo, milho e soja) constituem 8 por cento do tráfego ferroviário do Louisiana.

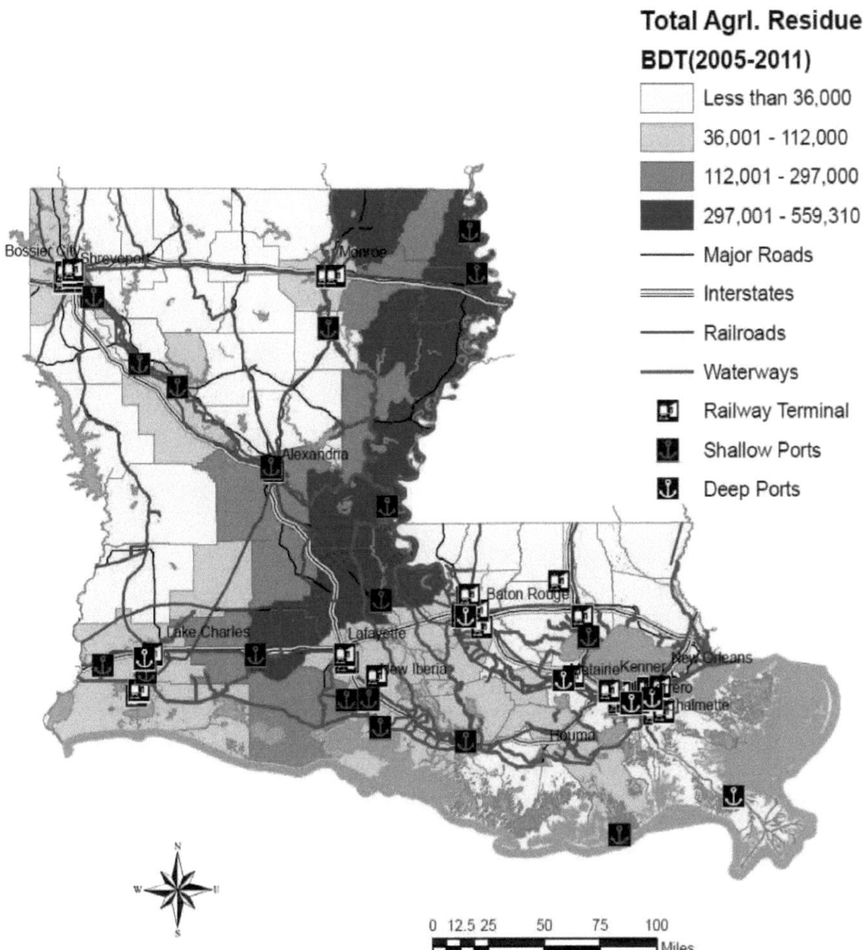

Figura 24. Opções de transporte para resíduos agrícolas em Louisiana.

A biomassa agrícola pode ser convertida em produtos com as caraterísticas desejadas, dependendo de

o material (Quadro 7).

Tabela 7. Conversão de biomassa de resíduos celulósicos em energia (UNEP 2009)

Technology	Conversion Process Type	Biomass Waste	Energy or Fuel Produced
Biodiesel Production	Chemical	Soy Beans and Waste Vegetable Oil	Biodiesel
Direct Combustion	Thermochemical	Agricultural Waste and Mixed Waste	Heat, Steam and Electricity
Ethanol Production	Biochemical (aerobic)	Rice And Corn Straw, Sugar or Starch Crops	Ethanol
Gasification	Thermochemical	Agricultural Waste Mixed Waste	Low Or Medium-Btu Producer Gas
Methanol Production	Thermochemical	Agricultural Waste Mixed Waste	Methanol
Pyrolysis	Thermochemical	Agricultural Waste Municipal Solid Waste	Synthetic Fuel Oil (Biocrude) Charcoal

8.1. Produção de resíduos de culturas

8.1.1. Arroz

No caso do arroz, foram produzidos cerca de 1,08 kg de resíduos por kg de produto e cerca de 85% dos resíduos produzidos puderam ser recolhidos. Mais uma vez, foram produzidos cerca de 80 galões de etanol por tonelada de arroz. No entanto, esta foi a matéria-prima de álcool combustível mais cara entre as principais culturas cultivadas na Louisiana. Por isso, não foi utilizado como fonte primária de etanol produzido no estado.

Os resíduos de arroz tinham várias utilizações. As cascas eram utilizadas para fins que incluíam: queima para energia - produção de vapor, combustível, alimentação de moinhos, composto, alimentação de gado, abrasivo fino para certas operações de polimento, para produção de sabão para as mãos e furfural, produto utilizado no fabrico de borracha sintética, rayon e muitos outros materiais sintéticos, condicionadores para fertilizantes comerciais (CES 1983).

O farelo era utilizado principalmente para alimentar o gado, enquanto a palha era considerada como recurso energético na queima, produção de metanol e etanol e também era pastada por lagostas.

As palhinhas voltaram a ser utilizadas na cama e na alimentação do gado, normalmente deixadas no campo, aradas para obter nutrientes.

8.1.2. Cana-de-açúcar

As culturas com elevado teor de açúcar (como a cana-de-açúcar e a beterraba sacarina) são mais fáceis de transformar em etanol do que as culturas de amido, uma vez que o açúcar necessário para a fermentação já está presente. Fermentar e destilar etanol a partir destas culturas não era muito diferente da produção de rum ou brandy. Apesar de a produção de etanol não ser competitiva com a produção de açúcar aos preços actuais (devido ao consumo humano), a produção de etanol a partir de cana-de-açúcar para uso industrial está a ser procurada na Louisiana, no Havai e na Florida (Christiansen 2008 e BDRB 2008). Uma tonelada de cana-de-açúcar produziu cerca de 19,3 galões de etanol, uma produção de etanol por acre maior do que a do milho. No entanto, em 2007, foram cultivados apenas cerca de 880 000 acres de cana-de-açúcar nos EUA (USDA/NASS, 2008), o que representou menos de 1 por cento do total de acres dedicados ao milho.

Relativamente aos resíduos, o principal era o bagaço. Este era utilizado para fazer composto, telhas de teto e papel combustível. Aproximadamente 75 por cento do bagaço gerado foi utilizado como combustível. Cerca de 130140 kg de peso seco de bagaço foram obtidos a partir de 1 tonelada métrica (TM) de caules frescos. Mais uma vez, 1 tonelada de bagaço tem o mesmo teor de Btu que 0,23 toneladas de carvão betuminoso, 0,18 toneladas de fuelóleo e 0,15 toneladas de gás natural. As principais barreiras associadas à utilização do bagaço eram o seu elevado teor de humidade (cerca de 50%) e, consequentemente, a sua baixa densidade, o que resultava num elevado custo de transporte.

As outras formas de resíduos da cana-de-açúcar eram a cana, o melaço e os resíduos do campo. Estes eram queimados: vapor, ou utilizados para a produção de etanol, metano ou deixados no campo para se decomporem para proteção da erosão do solo (CES 1983). O melaço da cana-de-açúcar tem sido a matéria-prima predominante na Louisiana para o álcool combustível. Além disso, as folhas verdes da cana-de-açúcar contêm nutrientes e poderiam ser utilizadas como alimento para o gado, mas havia problemas com a

Na maioria dos casos, os resíduos foram deixados no campo. Mas, na realidade, as quantidades efectivas de resíduos de campo produzidas pelo eram muito pequenas.

8.1.3. Milho

O milho (*Zea mays* L.) (e, em menor grau, o trigo) está a receber a maior atenção devido à sua área de produção concentrada e porque produz 1,7 vezes mais resíduos (ou palha) do que outros cereais principais, com base nos níveis de produção actuais (Wilhelm *et al.* 2004), quantidade suficiente para apoiar a produção à escala comercial (DiPardo 2000 e Andrews 2006).

Os principais tipos de resíduos da cultura do milho são as forragens, os caules, as folhas, as raízes e as cascas. As utilizações dos resíduos de milho variam desde a proteção contra a erosão do solo e como fertilizante, quando deixados no campo, até à produção de etanol (CES 1983). Cerca de 60 lb de resíduos são produzidos a partir de 1 Bu (TVA Biomass Fuels Program 1982). Mais uma vez, com a proximidade dos portos, é difícil competir com os preços de exportação, pelo que cerca de 95 por cento do milho produzido no Louisiana era exportado.

8.1.4. Soja

A palha obtida da soja foi o principal resíduo. Foram produzidos cerca de 1,75 kg de resíduos por kg de produto, o que equivale a cerca de 85 lb de resíduos /Bu (TVA Biomass Fuels Program 1982). Mais uma vez, 80 por cento dos resíduos podiam ser recolhidos. No entanto, a maior parte dos resíduos foi deixada no campo para proteção contra a erosão. Alguns foram usados como cama e o resto foi queimado como combustível. Mas, em geral, os combustíveis tinham baixo valor energético (CES 1983).

8.1.5. Algodão

Os principais resíduos do algodão eram o lixo do descaroçador, as sementes e o fiapo. Os resíduos de algodão tinham maior valor quando eram trazidos de volta ao campo para proteger o solo; também eram usados para compostagem, fertilizantes, vapor, metano e produção de etanol. Mas algumas das barreiras relacionadas com a utilização dos resíduos estavam relacionadas com o espaço e a mão de obra, e com o facto de não queimarem bem, uma vez que continham demasiada sujidade, o que cria um risco de poluição. Além disso, o poder calorífico dos resíduos do não era muito elevado.

Mais uma vez, foram produzidas cerca de 60-65 toneladas de resíduos por cada 100 toneladas de algodão em rama (CES 1983). Os resíduos de algodão foram considerados como um dos materiais naturais mais compostáveis.

8.1.6. Sorgo de grão

Os resíduos do sorgo granífero eram geralmente devolvidos ao solo ou pastados pelo gado. O grão também tinha potencial para a produção de energia na Louisiana, uma vez que podia ser utilizado como matéria-prima para a produção de álcool. Mas apenas 0,9 por cento dos resíduos produzidos o eram. Cerca de 60 lb de resíduos foram produzidos por Bu e o rendimento dos resíduos foi de aproximadamente 0,57 T/ac.; 1,27 MT/ha. Novamente, cerca de 1,57 kg de resíduo foi produzido por kg de commodity (CES 1983).

Oito usinas de etanol dos EUA usaram sorgo granífero (milo) como matéria-prima (RFA 2008). O sorgo granífero foi cultivado principalmente nas Planícies Centrais (Kansas, Nebraska, Missouri) e nas Planícies do Sul (Texas, Oklahoma, Arkansas). Aproximadamente 15% do sorgo sacarino dos EUA está a ser utilizado para etanol (NSP 2008). O sorgo produz aproximadamente a mesma quantidade de etanol por bushel que o milho, mas o rendimento do sorgo (bushels por acre) é inferior ao do milho (BDRB 2008). **8.1.7. Batata**

Para outras culturas, como as hortícolas, o número de hortas caseiras num determinado ano varia muito em função do interesse das pessoas e da economia. Quando as condições económicas eram fracas, o número de famílias que utilizavam hortas caseiras aumentava. A horticultura aumentou o orçamento familiar, libertando fundos limitados para outras compras de alimentos. Um inquérito realizado aos horticultores do Louisiana em 2008 revelou que a idade média dos horticultores era de 62 anos, com uma idade média de 67 anos. A dimensão média das hortas do Louisiana era de 800 pés quadrados e os cálculos indicavam que cada horta gerava produtos avaliados em média em 512 dólares. Este valor foi utilizado para calcular o valor agrícola bruto das hortas domésticas no Louisiana. O valor agrícola bruto de 2011 das hortas domésticas no Louisiana foi estimado em 246,2 milhões de dólares (LSU AgCenter 2011).

Para além das principais culturas produtoras de resíduos, como o milho e a soja, outras culturas, como o arroz e a cana-de-açúcar, que enfrentam problemas de eliminação de resíduos, poderão também contribuir com biomassa para combustível no futuro (DiPardo 2000, e Wilhelm *et al.* 2004). Os resíduos de culturas podem ser encontrados em todo o território dos Estados Unidos, mas encontram-se sobretudo no Midwest devido à preeminência da palha de milho. Apesar de tudo isto, os resíduos de culturas foram também geralmente considerados como melhorando e protegendo a qualidade do solo. Algumas propriedades comuns dos resíduos de culturas deixados à superfície do solo nas funções do solo incluem (Andrews 2006):

- Proteção contra forças erosivas

- Aumento ou manutenção da matéria orgânica do solo

- Adições ao conjunto disponível de nutrientes do solo

- Aumento da atividade biológica e melhoria da estrutura do solo

- Melhoria do rendimento das culturas (Hargrove, 1991)

Por conseguinte, ao colher os resíduos, devem ser tidos em conta vários critérios. Algumas das recomendações são (Wortmann et.al. 2008 e Andrews 2006):

- Taxas de remoção de resíduos: A remoção sustentável dos resíduos das culturas tem de ser considerada aquando da colheita dos resíduos. As taxas para a produção de biocombustível variam normalmente em função de factores como a gestão, o rendimento e o tipo de solo.

- Disponibilidade de estrume para substituir o carbono e os nutrientes removidos com os resíduos das culturas, com especial ênfase no valor dos nutrientes removidos nos resíduos das culturas e no impacto nas necessidades de fertilizantes e cal.

- As taxas de remoção variam consoante a cobertura do solo: é necessária uma conversão adequada, que variará consoante a cultura e a região. Embora as zonas com declives baixos e rendimentos elevados possam suportar a colheita de resíduos, em muitas zonas as quantidades de resíduos necessárias para manter a qualidade do solo serão superiores às práticas actuais de cobertura do solo. Mais uma vez, é necessária uma certa quantidade de resíduos de culturas para manter a matéria orgânica do solo

- Impacto na erosão eólica e hídrica, no escoamento e na cobertura de resíduos necessária para cumprir os programas de conservação e a necessidade de utilizar culturas de cobertura para fornecer cobertura do solo e controlar a erosão e o escoamento, além de fornecer carbono adicional ao sistema do solo

- Práticas de conservação adicionais: As práticas de conservação, tais como as culturas de contorno ou a lavoura de conservação, devem ser utilizadas para compensar a perda de proteção contra a erosão observada com a remoção dos resíduos. Em muitas regiões, as culturas de cobertura são outra alternativa viável.

- Monitorização e avaliação periódicas: Independentemente da prática de remoção de resíduos escolhida, os campos devem ser cuidadosamente monitorizados para detetar sinais visuais de erosão ou formação de crostas

- Disponibilidade de equipamento para colher eficazmente os resíduos

8.2. Referências

Andrews, S.S. 2006. Crop Residue Removal for Biomass Energy Production: Effects on Soils and Recommendations (Efeitos nos solos e recomendações). Equipa Nacional de Desenvolvimento Tecnológico da Qualidade do Solo. USDA - Serviço de Conservação de Recursos Naturais. Atualizado em 22 de fevereiro de 2006.

Conselho de Investigação e Desenvolvimento da Biomassa (BDRB). 2008. Increasing Feedstock Production for Biofuels: Economic Drivers, Environmental Implication and the Role of Research.

Disponível em http://www.usbiomassboard.gov/pdfs/increasing feedstock revised.pdf último acesso em 6/3/2012

Centro de Estudos Energéticos (CES). 1983. Avaliação do potencial energético da biomassa em Louisiana. Programa de acordo institucional em Pesquisa e Desenvolvimento de Energia. Universidade Estadual da Louisiana. dezembro de 1983.

Christiansen, Ryan. 2008. "U.S. sugarcane-to-ethanol projects underway," *Ethanol Producer Magazine*, Oct. http://ethanolproducer.com/ article.jsp?article_id=4778&q=sugarcane%20to%20ethanol%20 underway&category_id=27.

DiPardo, J. 2000. Outlook for biomass ethanol production and demand [Online]. Disponível em http://www.eia.doe.gov/oiaf/analysispaper/ pdf/biomass.pdf (publicado em abril de 2000; verificado em 7 de outubro de 2003). Energy Information Administration, Washington, DC.

Hargrove, W.L. 1991. Crop residue management in the Southeast (Gestão de resíduos de culturas no Sudeste). Crop Residue Management for Conservation, Lexington, KY, Soil and Water Conservation Society.

LSU AgCenter. 2012. Totais das freguesias em 2011. Disponível online em http://www.lsuagcenter.com /mcms/webtools/viewExternal.aspx?url=http://www.lsuagcenter.com/agsummary/index.a spx ; última avaliação em 12/2/2011.

National Sorghum Producers (NSP). www.sorghumgrowers.com, Acedido em abril de 2008.

Nelson, R.G. 2002. Resource assessment and removal analysis for corn stover and wheat straw in the Eastern and Midwestern United States - rainfall and wind-induced soil erosion methodology. Biomass and Bioenergy 22: 349-363.

Associação de Combustíveis Renováveis (RFA). 2008. Disponível online em www.ethanolrfa.org. Acedido em abril de 2008.

Programa de Combustíveis de Biomassa da Autoridade do Vale do Tennessee (TVA). 1982. Um inventário de terras agrícolas na região do Vale do Tennessee e sua disponibilidade para culturas de combustível. Boletim Y-173. TVA/OACD-82/20. Centro Nacional de

Desenvolvimento de Fertilizantes. outubro de 1982.

Programa das Nações Unidas para o Meio Ambiente (PNUMA). 2009. Converting Waste Agricultural Biomass into a Resource. Compêndio de tecnologias. Divisão de Tecnologia, Indústria e Economia Centro Internacional de Tecnologia Ambiental Osaka/Shiga, Japão

Departamento de Agricultura dos EUA, Serviço Nacional de Estatísticas Agrícolas. 2008. "Data and Statistics: Quick Stats." http://www.nass.usda.gov/Dataand Statistics/Quick Stats/index.asp (acedido em maio de 2008).

Wilhelm, W.W., Johnson, J.M.F., Hatfield, J.L., Voorhees, W.B. e D.R. Linden. 2004. Resposta da produtividade das culturas e do solo à remoção de resíduos de milho: A review of the literature. Agronomy Journal96:1-17.

Wortmann, C.S., Klein, R.N., Wilhelm, W.W. e C. Shapiro. 2008. Harvesting Crop Residues.Crop production/ Field crops conservational management. Extensão da Universidade de Nebraska-Lincoln, Instituto de Agricultura e Recursos Naturais G1846

CAPÍTULO 9: CONCLUSÃO

Foi efectuado um estudo para determinar a produção total de resíduos de exploração florestal e dos principais resíduos agrícolas no estado do Louisiana. A produção total média de resíduos de exploração madeireira no estado, de 2000 a 2010, foi estimada em cerca de 3 073 978 toneladas secas ósseas (TBS) e a de resíduos de culturas agrícolas foi de aproximadamente 6 773 985 TBS (2005-2011). Enquanto as freguesias ocidentais e setentrionais, como Winn, Vernon, Bienville, Union, Beauregard e Sabine, encabeçaram a produção de resíduos de exploração madeireira, no caso dos resíduos agrícolas, as freguesias nordestinas e centrais, como Morehouse, Madison, Franklin, East Carroll e Pointe Coupee, foram as principais produtoras. Embora o pinheiro tenha contribuído para cerca de 60% da madeira extraída no Estado, no que respeita aos resíduos da exploração madeireira, as espécies de madeira de folhosas tiveram a maior quota-parte.

Em seguida, no que respeita à distribuição das árvores no Estado, as freguesias do nordeste apresentavam uma boa densidade de pinheiros, enquanto a região oeste era dominada por espécies de folhosas. Analisando a produção durante o período de 2000 a 2010, registou-se um decréscimo global da colheita de madeira. No entanto, registou-se um ligeiro aumento em 2003 e 2006.

Relativamente à agricultura, as 9 principais culturas cultivadas no Estado (base de produção) foram o arroz, a cana-de-açúcar, o algodão, a aveia, a soja, o sorgo, o trigo, a batata e o amendoim. A soja, o arroz, o milho e a cana-de-açúcar constituíram a maior parte da produção. À semelhança da produção de madeira, a maioria das culturas não estava distribuída de forma homogénea. Cada cultura tinha sua própria região no estado. Além disso, o cultivo se concentrava próximo às margens dos principais sistemas fluviais. Verificou-se também que a maior parte das terras férteis nas margens do Mississipi eram utilizadas para a agricultura, ao passo que as freguesias com maior produção de madeira não eram atravessadas por grandes rios. Curiosamente, as freguesias com maior produção de resíduos de exploração madeireira, como Union, Sabine, Vernon, Bienville, Jackson, Winn, etc., quase não tinham resíduos agrícolas (exceto Beauregard).

Em geral, o transporte era considerado um fator crítico que determinava a viabilidade económica de qualquer programa de energia de biomassa. No estado, entre os três principais meios de transporte, o rodoviário, o ferroviário e o hidroviário, o sistema rodoviário foi a forma mais eficaz de transporte de resíduos de madeira e da indústria madeireira em geral. Como a maioria dos cinturões produtores de resíduos madeireiros do estado tinha pouco acesso aos sistemas ferroviário e hidroviário, essas opções não eram muito utilizadas. No entanto, o rio Vermelho era a principal via navegável que atravessava a faixa de alta produção de madeira do estado. O sistema de vias navegáveis podia ser utilizado para transportes internacionais e de longa distância.

Ao contrário das grandes freguesias produtoras de resíduos madeireiros, todas as grandes freguesias agrícolas estavam próximas dos portos do Estado. Este facto abriu-lhes o acesso ao sistema fluvial, que poderia desempenhar um papel importante, uma vez que era o meio de transporte mais barato. As auto-estradas interestaduais como a I-20, a I-10 e a I-49 também ligavam as várias freguesias produtoras agrícolas. Os terminais intermodais ferroviários em Monroe e Alexandria podiam também complementar a distribuição estatal e intra-estatal.

Com a abertura de novos mercados para a biomassa na Europa, estão a surgir cadeias de abastecimento logístico mais sofisticadas, que utilizam diferentes combinações de modos de transporte. Estas combinações não só servem para o transporte de mercadorias a longa distância, como também reduzem os custos de toda a operação. Além disso, estas permutações de transporte de mercadorias, que utilizam mais do que um modo de transporte, provaram também ser amigas do ambiente e podem ser utilizadas para transportes de longo curso.

GLOSSÁRIO

Biomassa: Um recurso energético derivado da matéria orgânica, incluindo os subprodutos da indústria da madeira, as culturas agrícolas, a matéria-prima da floresta, a maior parte dos resíduos domésticos e a madeira.

Pé de tábua: Unidade de medida aplicada à madeira redonda. Diz respeito à madeira serrada com 1 pé de comprimento, 1 pé de largura e 1 polegada de espessura (ou equivalente).

Tonelada seca (Bone Dry Ton - BDT): Polpa de madeira ou resíduo que pesa 2.000 lb (907 kg) com um teor de humidade de 0 por cento.

Unidade térmica britânica (BTU): A quantidade de energia térmica necessária para elevar a temperatura de uma libra de água em um grau Fahrenheit.

Espécies comerciais: Espécies de árvores atualmente ou potencialmente adequadas para produtos industriais de madeira. **Culturas energéticas específicas:** Incluem culturas lenhosas de curta rotação, como o choupo híbrido, o salgueiro híbrido e as culturas herbáceas, como a switchgrass, cultivadas especificamente para utilização como fonte de energia.

Etanol: Um álcool combustível produzido a partir dos açúcares encontrados em cereais, como o milho, o sorgo e o trigo, bem como em cascas de batata, arroz, cana-de-açúcar, beterraba sacarina e aparas de jardim.

Matéria-prima: Uma matéria-prima que pode ser convertida num ou mais produtos úteis.

Produtos de fibra: Subprodutos utilizados no fabrico de pasta de papel, papel, cartão e produtos compósitos, tais como waferboard ou chipboard.

Produção de lenha: O volume de madeira cortada para produzir alguma forma de energia, por exemplo, calor, vapor, em ambientes residenciais, industriais ou institucionais.

Gaseificação: A gaseificação de biomassa é a conversão de biomassa sólida (madeira, resíduos agrícolas, etc.) numa mistura de gás combustível normalmente designada por "gás de produção" (ou gás de baixo Btu).

Remoções de material de crescimento: O volume de material de crescimento removido de árvores de madeira em toro e de madeira para serração no inventário de terras florestais. (Nota: Inclui o volume removido para produtos de madeira em toro, resíduos de exploração e outras remoções).

Folhosas: Árvores dicotiledóneas, geralmente de folha larga e de folha caduca.

Toro: Um produto florestal primário colhido em comprimentos longos, principalmente de 8, 12 e 16 pés.

Resíduos da exploração madeireira: A parte comercializável não utilizada das árvores de crescimento cortadas ou destruídas durante as operações de abate de árvores.

Volume comercializável: Volume de madeira maciça na parte comercializável das árvores vivas.

Tonelada métrica: uma unidade de peso, igual a 1000 quilogramas (2204,623 libras ou 1,1023 *tonelada* curta ou 0,9842 tonelada *longa*)

Espécies não comerciais: Espécies de árvores de tamanho tipicamente pequeno, forma pobre ou qualidade inferior que normalmente não se desenvolvem em árvores adequadas para produtos industriais de madeira.

Outras remoções: O volume de árvores em crescimento retirado do inventário por operações culturais, tais como o melhoramento de povoamentos de madeira, a limpeza de terrenos e outras alterações na utilização dos terrenos, que resultam na remoção das árvores dos terrenos florestais.

Produção: O volume total de madeira em toro extraída das terras de um Estado, independentemente do local onde é consumida. A produção é a soma da madeira extraída e utilizada num Estado e de toda a madeira em toro exportada para outros Estados.

Madeira para pasta de papel: Um produto de madeira redonda que será reduzido a fibras de madeira individuais por meios químicos ou mecânicos. As fibras são utilizadas para fabricar um vasto grupo genérico de produtos de pasta que inclui produtos de papel, bem como placas de aglomerado, placas de fibra, placas isolantes e cartão.

Madeira redonda cortada em estilhas: Qualquer madeira cortada principalmente para fabrico industrial, entregue a fábricas que não sejam de pasta de papel, cortada em estilhas e depois vendida a fábricas de pasta de papel para utilização como fibra. Inclui copas, secções de salto, árvores inteiras e varas de madeira para polpa.

Produtos de madeira redonda: Qualquer produto primário, como madeira serrada, postes, estacas, pasta de papel ou lenha, produzido a partir de madeira em toro.

Tronco de serra: Um produto de madeira redonda, normalmente com 8 pés de comprimento ou mais, transformado numa variedade de produtos serrados, tais como madeira serrada, caixotes, paletes, dormentes e madeiras

Volume de madeira para serração: Volume do material em crescimento na parte de toros para serração de árvores de tamanho de madeira para serração em pés de tábua (regra internacional de ¼ de polegada).

Folhosas: Árvores coníferas, geralmente perenes, com folhas que são agulhas ou escamas.

Cordão padrão: Uma unidade de medida aplicada à madeira em toro, normalmente madeira aparelhada ou rachada. É uma pilha de madeira com 4 pés de altura, 4 pés de largura e 8 pés de comprimento, abrangendo 128 pés cúbicos de madeira, casca e espaço aéreo. Isto traduz-se normalmente em cerca de 75 a 81 metros cúbicos de madeira sólida para a madeira para pasta, porque a madeira para pasta é mais uniforme.

Unidade padrão: Uma unidade de medida aplicada aos produtos de madeira em toro. Pés de tábua (regra internacional de ¼) é a unidade padrão utilizada para toros para serração e folheados; cordas são utilizadas para madeira para pasta de papel, painéis compostos e lenha; centenas de peças para postes; milhares de peças para postes; e milhares de pés cúbicos para todos os outros produtos florestais diversos

Rendimento do cepo: Madeira em árvores em pé; o preço cobrado por um proprietário de terras a empresas ou operadores pelo direito de extrair madeira nessas terras

Remoção de madeira: O volume total de árvores removidas do inventário de terras florestais por abate, operações culturais, tais como melhoramento de povoamentos, limpeza de terrenos ou alterações na utilização dos terrenos. (Nota: Inclui produtos de madeira em toro, resíduos de exploração e outras remoções).

ANEXO A - PRODUÇÃO DE RESÍDUOS DE EXPLORAÇÃO FLORESTAL POR FREGUESIA

Produção total média de resíduos de exploração madeireira (BDT) na Louisiana (2000-2010)

PARISH	2000	2001	2002	2003	2004	2005	2006	2007	2008	2009	2010	Average
Acadia	23594	11544	29948	12472	7456	4781	10223	11544	5150	5278	2656	11331
Allen	152846	101588	116222	142282	129604	116993	108074	101588	93475	77294	102936	112991
Ascension	14096	6130	4799	14197	17986	6582	21622	6130	5192	7788	5060	9962
Assumption	152	1186	4298	1452	1080	421	1920	1186	1525	1909	4604	1794
Avoyelles	11054	52358	32613	53351	34689	58448	29378	52358	30580	52114	32533	39952
Beauregard	142632	129517	140088	143643	117561	125691	168391	129517	130373	106521	132613	133322
Bienville	126782	138653	133641	168400	164883	170344	163556	138653	124270	112370	123287	142258
Bossier	126962	63098	68065	88069	75459	99222	77236	63098	52017	49269	68469	75542
Caddo	78048	50990	69691	63544	53490	62620	48114	50990	57177	45669	40921	56478
Calcasieu	50500	16807	23567	32953	34131	46804	59820	16807	29182	15290	19463	31393
Caldwell	84216	103038	67755	62448	53533	66658	67479	103038	63487	89367	69376	75490
Cameron	65	477	3703	11429	12020	23080	269	477	89	187	0	4709
Catahoula	32853	60556	23233	34686	40756	35753	23781	60556	21159	42206	12254	35254
Claiborne	94801	100077	130079	145685	113204	132824	102283	100077	103313	87759	106820	110629
Concordia	25118	27910	38594	56987	46655	39767	31632	27910	18581	17729	12973	31260
De Soto	136867	111972	98384	100641	100080	112831	108261	111972	95857	98579	104594	107276
East Baton Rouge	22119	37808	27195	32031	29390	36872	28845	37808	23450	28314	14322	28923
East Carroll	19823	20679	16601	31828	14570	10526	10527	20679	4469	15025	1746	15134
East Feliciana	53960	58017	40811	82947	55244	49533	38282	58017	66165	50943	47346	54660
Evangeline	78444	36940	48093	43129	55819	42899	50591	36940	60509	44099	52196	49969
Franklin	22895	17754	8482	13135	8283	18716	14192	17754	5853	10724	12968	13705
Grant	40715	42784	29104	43808	56175	48352	59308	42784	63507	38359	49204	46736
Iberia	1637	6769	241	1139	1419	1393	526	6769	101	6032	0	2366
Iberville	117117	34094	23713	50909	37824	58394	40120	34094	12327	39249	19551	42490
Jackson	112872	91252	98849	156750	151765	141052	160110	91252	118803	85036	74303	116549
Jefferson	919	2019	714	7197	10418	12732	12882	2019	396	850	101	4568
Jefferson Davis	14948	4387	5309	9481	6354	7566	5263	4387	6464	2625	7469	6750
Lafayette	5199	650	386	2679	1084	2248	1424	650	356	577	252	1410

PARISH	2000	2001	2002	2003	2004	2005	2006	2007	2008	2009	2010	Average
Lafourche	1315	1422	1936	255	723	2928	3585	1422	9151	1555	8076	2943
La Salle	107392	91404	80038	68195	79901	81380	81717	91404	66282	81476	83038	82930
Lincoln	61104	60537	69677	63481	92953	76519	80216	60537	67134	53078	58902	67649
Livingston	116199	92515	68019	110450	58697	48059	83636	92515	65526	94278	51514	80128
Madison	54493	53014	44805	28455	9598	13660	31397	53014	43595	39001	29480	36410
Morehouse	41476	42298	49216	54944	45657	48533	53225	42298	53264	33412	26840	44651
Natchitoches	110019	86584	111459	102281	103190	113289	128941	86584	116562	74161	91211	102207
Orleans	0	1481	497	301	1968	3612	2332	1481	550	1455	1090	1342
Ouachita	63418	41844	48121	50571	46270	68263	63730	41844	28023	39729	45095	48810
Plaquemines	180	186	1274	141	250	166	126	186	326	14	18	261
Pointe Coupee	27308	50266	60372	69173	47234	63596	37847	50266	29642	52553	29205	47042
Rapides	104733	99567	72719	89952	84277	79072	85539	99567	78501	80946	104259	89012
Red River	18346	16326	37772	34857	28860	40317	44935	16326	37818	15979	32169	29428
Richland	24400	14042	17129	22590	12728	15792	10117	14042	7290	10694	9289	14374
Sabine	108828	116424	135709	142632	152489	147151	152658	116424	126294	107812	126302	130248
St. Bernard	14	371	2150	30	417	81	124	371	0	230	0	344
St. Charles	2276	253	997	7237	8357	7352	2617	253	297	151	27	2711
St. Helena	59783	67370	64400	49293	57214	29894	41802	67370	55660	68829	63185	56800
St. James	4012	7901	10815	4708	5513	6454	8703	7901	4719	7537	3631	6536
St. John the Baptist	18	278	32	965	2242	802	142	278	32	269	5889	995
St. Landry	26675	54042	54309	42804	30938	41829	39016	54042	59527	58978	84462	49693
St. Martin	2710	6923	1253	7648	6573	13545	29182	6923	17814	9070	13457	10464
St. Mary	1576	12	106	41	1911	9	671	12	143	61	256	436
St. Tammany	37139	20534	17227	39949	35709	40441	79492	20534	33653	15772	11388	31985
Tangipahoa	63947	56488	54057	61771	51668	51061	86278	56488	41148	43184	36828	54811
Tensas	26653	56732	15431	37743	23026	36566	39177	56732	18876	47657	38142	36067
Terrebonne	62	370	263	1295	1312	6226	1475	370	3439	444	1560	1529
Union	151554	165572	141943	144229	128253	146553	149236	165572	117233	136803	112550	141772
Vermilion	2391	1246	159	1873	1371	9102	1200	1246	743	218	9801	2668

PARISH	2000	2001	2002	2003	2004	2005	2006	2007	2008	2009	2010	Average
Washington	76958	70127	89837	86562	72542	54454	146545	70127	30358	66263	37770	72868
West Baton Rouge	12280	10916	9698	8599	8123	31807	29338	10916	22695	9755	7636	14706
West Carroll	9836	9593	16250	12093	11110	11202	6663	9593	4504	8450	2417	9246
West Feliciana	53663	46055	39459	45321	46303	41377	35803	46055	49231	40875	24258	42582
Winn	114850	143793	129052	167544	187782	175712	222615	143793	195476	130685	131146	158404
Total	3335445	3060489	2988921	3456919	3088433	3262881	3459393	3060489	2800849	2665385	2634553	3073978

Produção de resíduos da exploração florestal de pinheiros (BDT) no Louisiana (2000-2010)

PARISH	2000	2001	2002	2003	2004	2005	2006	2007	2008	2009	2010	Average
Acadia	12743	2403	6559	2967	2666	2639	4591	2403	3637	1918	1226	3977
Allen	82670	65125	67688	79094	75455	68028	56823	65125	62370	50094	67920	67308
Ascension	2074	288	250	298	6177	1107	2218	288	363	178	836	1280
Assumption	0	0	0	0	0	80	0	0	0	0	0	7
Avoyelles	1650	1476	4273	4369	2026	11704	2607	1476	1418	2327	1659	3180
Beauregard	97729	95021	94017	105754	92557	91437	120711	95021	104805	72544	101613	97383
Bienville	68675	81418	79661	96761	101279	95101	96866	81418	75921	58116	81611	83348
Bossier	38617	20517	24056	33715	30967	47633	31354	20517	26705	14407	35451	29449
Caddo	28741	18769	25820	19612	19082	27453	21280	18769	23129	15281	19478	21583
Calcasieu	28347	11551	17067	26431	27898	32104	45536	11551	25760	10648	13799	22790
Caldwell	39394	43720	29806	31261	31590	34913	36724	43720	36906	42388	44632	37732
Cameron	0	0	0	0	0	1760	0	0	0	0	0	160
Catahoula	19303	25685	12211	17497	19301	16811	9951	25685	8993	18331	7245	16456
Claiborne	42442	41423	51754	57917	53964	61871	41754	41423	44027	30172	44619	46488
Concordia	0	0	0	0	0	5834	0	0	0	0	0	530
De Soto	59415	42589	42896	50350	53607	60035	59309	42589	52514	33206	55212	50156
East Baton Rouge	2506	5695	2179	3104	2058	5804	2815	5695	3290	2820	1962	3448
East Carroll	0	0	0	0	0	1491	0	0	0	0	0	136
East Feliciana	17039	16274	13970	17711	18745	19558	14196	16274	23063	12465	14511	16710
Evangeline	29182	16059	22209	19838	22194	22841	27248	16059	35651	24012	26201	23772
Franklin	2779	2242	355	1548	129	4585	2056	2242	1251	2072	2706	1997
Grant	22790	24131	17689	23990	30550	30429	33151	24131	38802	19600	31970	27021
Iberia	0	0	0	0	0	38	0	0	0	0	0	3
Iberville	0	0	0	0	0	7885	0	0	0	0	0	717
Jackson	56416	53590	55174	92183	90814	84063	95275	53590	78138	48980	47623	68713
Jefferson	0	0	0	0	0	298	0	0	0	0	0	27
Jefferson Davis	6129	1261	1663	2925	2927	3920	3248	1261	4067	1270	3219	2899
Lafayette	0	0	0	0	0	253	0	0	0	0	0	23

PARISH	2000	2001	2002	2003	2004	2005	2006	2007	2008	2009	2010	Average
La Salle	64270	52957	53198	41293	44194	45656	54628	52957	42065	50749	60733	51155
Lincoln	21577	14927	24965	22372	43123	35602	31651	14927	23992	12841	25268	24659
Livingston	61361	56675	41866	66532	37454	22907	44604	56675	30670	58272	26254	45752
Madison	0	0	0	0	0	1640	0	0	0	0	0	149
Morehouse	13503	17269	25649	25303	25181	20796	23223	17269	21242	10137	13163	19339
Natchitoches	63300	48603	61727	61264	67615	71540	83224	48603	74022	37873	54778	61141
Orleans	0	0	0	0	0	420	0	0	0	0	0	38
Ouachita	22704	16772	16242	15225	19358	25806	24106	16772	13771	16425	22403	19053
Plaquemines	0	0	0	0	0	10	0	0	0	0	0	1
Pointe Coupee	0	0	0	0	0	7912	0	0	0	0	0	719
Rapides	56845	61153	48787	57638	52559	49774	55575	61153	58393	40945	67287	55464
Red River	8580	8537	20317	17415	16026	21897	23971	8537	22677	8008	16193	15651
Richland	145	109	632	387	845	2910	309	109	699	171	214	594
Sabine	76591	84782	95757	106795	111011	99266	108976	84782	88154	77301	86871	92753
St. Bernard	0	0	0	0	0	13	0	0	0	0	0	1
St. Charles	0	0	0	0	0	1324	0	0	0	0	0	120
St. Helena	33885	37746	37189	22585	34377	13354	21259	37746	30708	42846	40158	31987
St. James	0	0	0	0	0	1072	0	0	0	0	0	97
St. John the Baptist	0	0	0	0	0	109	0	0	0	0	0	10
St. Landry	216	528	136	154	143	4855	147	528	484	416	1443	823
St. Martin	0	0	0	0	0	1565	0	0	0	0	0	142
St. Mary	0	0	0	0	0	0	0	0	0	0	0	0
St. Tammany	24469	15538	13703	28560	21737	31790	51238	15538	30042	13721	10195	23321
Tangipahoa	38210	28254	27864	38346	27613	26489	38881	28254	24327	22633	16624	28863
Tensas	0	0	0	0	0	5444	0	0	0	0	0	495
Terrebonne	0	0	0	0	0	677	0	0	0	0	0	62
Union	74302	71699	69104	66592	65659	74659	78979	71699	62663	57248	64064	68788
Vermilion	0	0	0	0	0	1543	0	0	0	0	0	140
Vernon	103902	124691	118288	118811	97246	104669	104019	124691	112286	103596	135386	113417

PARISH	2000	2001	2002	2003	2004	2005	2006	2007	2008	2009	2010	Average
Webster	44411	29008	34121	37575	28999	34740	35198	29008	27699	15969	23586	30938
West Baton Rouge	0	0	0	0	0	5254	0	0	0	0	0	478
West Carroll	0	0	0	0	0	1955	0	0	0	0	0	178
West Feliciana	5915	1728	2904	4953	2833	7466	3596	1728	5824	1340	4167	3859
Winn	55902	89155	74432	92984	118899	96889	141567	89155	131798	86744	89367	96990
Total	1479956	1382963	1396987	1575706	1548303	1590722	1723904	1382963	1468460	1170606	1392573	1464831

Produção de resíduos de madeira de folhosas (BDT) no Louisiana (2000-2010)

PARISH	2000	2001	2002	2003	2004	2005	2006	2007	2008	2009	2010	Average
Acadia	10852	9141	23389	9505	4791	2142	5631	9141	1513	3360	1431	7354
Allen	70176	36463	48534	63188	54149	48965	51251	36463	31105	27199	35016	45683
Ascension	12022	5843	4549	13899	11809	5475	19404	5843	4829	7610	4224	8682
Assumption	152	1186	4298	1452	1080	341	1920	1186	1525	1909	4604	1787
Avoyelles	9404	50882	28340	48982	32662	46744	26772	50882	29163	49787	30874	36772
Beauregard	44903	34495	46071	37889	25004	34255	47680	34495	25567	33977	31000	35940
Bienville	58108	57235	53980	71639	63604	75242	66690	57235	48349	54254	41676	58910
Bossier	88344	42581	44009	54354	44492	51588	45882	42581	25312	34861	33018	46093
Caddo	49306	32222	43871	43932	34408	35167	26834	32222	34048	30389	21442	34895
Calcasieu	22153	5256	6500	6522	6234	14699	14284	5256	3423	4642	5664	8603
Caldwell	44821	59318	37949	31187	21943	31745	30755	59318	26581	46979	24744	37758
Cameron	65	477	3703	11429	12020	21320	269	477	89	187	0	4549
Catahoula	13550	34871	11022	17190	21455	18942	13830	34871	12166	23875	5009	18798
Claiborne	52359	58654	78325	87768	59240	70953	60529	58654	59287	57587	62201	64141
Concordia	25118	27910	38594	56987	46655	33933	31632	27910	18581	17729	12973	30729
De Soto	77452	69383	55488	50291	46472	52796	48952	69383	43343	65373	49383	57120
East Baton Rouge	19613	32113	25016	28927	27332	31069	26030	32113	20160	25494	12359	25475
East Carroll	19823	20679	16601	31828	14570	9035	10527	20679	4469	15025	1746	14998
East Feliciana	36921	41742	26841	65236	36499	29974	24086	41742	43101	38478	32835	37951
Evangeline	49262	20882	25883	23291	33625	20058	23343	20882	24858	20087	25995	26197
Franklin	20116	15512	8127	11586	8155	14131	12135	15512	4602	8652	10263	11708
Grant	17925	18653	11415	19818	25625	17923	26158	18653	24706	18759	17234	19715
Iberia	1637	6769	241	1139	1419	1355	526	6769	101	6032	0	2362
Iberville	117117	34094	23713	50909	37824	50509	40120	34094	12327	39249	19551	41773
Jackson	56457	37662	43676	64568	60950	56990	64835	37662	40665	36056	26680	47836
Jefferson	919	2019	714	7197	10418	12434	12882	2019	396	850	101	4541
Jefferson Davis	8819	3125	3646	6556	3427	3646	2014	3125	2396	1354	4250	3851
Lafayette	5199	650	386	2679	1084	1995	1424	650	356	577	252	1387

PARISH	2000	2001	2002	2003	2004	2005	2006	2007	2008	2009	2010	Average
Lafourche	1315	1422	1936	255	723	2496	3585	1422	9151	1555	8076	2903
La Salle	43122	38447	26840	26902	35707	35723	27089	38447	24218	30726	22305	31775
Lincoln	39527	45610	44712	41108	49830	40917	48565	45610	43143	40236	33634	42990
Livingston	54838	35840	26153	43918	21244	25152	39032	35840	34856	36006	25260	34376
Madison	54493	53014	44805	28455	9598	12020	31397	53014	43595	39001	29480	36261
Morehouse	27973	25030	23567	29641	20476	27737	30003	25030	32022	23274	13678	25312
Natchitoches	46718	37981	49732	41017	35574	41749	45717	37981	42540	36289	36433	41066
Orleans	0	1481	497	301	1968	3192	2332	1481	550	1455	1090	1304
Ouachita	40714	25072	31879	35345	26911	42457	39624	25072	14253	23305	22692	29757
Plaquemines	180	186	1274	141	250	157	126	186	326	14	18	260
Pointe Coupee	27308	50266	60372	69173	47234	55684	37847	50266	29642	52553	29205	46323
Rapides	47888	38414	23931	32315	31718	29298	29964	38414	20108	40001	36972	33548
Red River	9766	7789	17455	17442	12834	18420	20964	7789	15141	7971	15976	13777
Richland	24255	13933	16497	22203	11883	12882	9808	13933	6590	10523	9074	13780
Sabine	32237	31642	39953	35837	41479	47884	43682	31642	38140	30512	39430	37494
St. Bernard	14	371	2150	30	417	67	124	371	0	230	0	343
St. Charles	2276	253	997	7237	8357	6028	2617	253	297	151	27	2590
St. Helena	25898	29624	27210	26708	22838	16540	20543	29624	24953	25983	23027	24814
St. James	4012	7901	10815	4708	5513	5382	8703	7901	4719	7537	3631	6438
St. John the Baptist	18	278	32	965	2242	693	142	278	32	269	5889	985
St. Landry	26459	53514	54173	42651	30795	36974	38869	53514	59043	58562	83019	48870
St. Martin	2710	6923	1253	7648	6573	11980	29182	6923	17814	9070	13457	10321
St. Mary	1576	12	106	41	1911	9	671	12	143	61	256	436
St. Tammany	12670	4996	3524	11389	13973	8651	28254	4996	3611	2051	1193	8664
Tangipahoa	25737	28234	26193	23425	24055	24572	47396	28234	16820	20552	20204	25947
Tensas	26653	56732	15431	37743	23026	31122	39177	56732	18876	47657	38142	35572
Terrebonne	62	370	263	1295	1312	5549	1475	370	3439	444	1560	1467
Union	77252	93873	72839	77637	62593	71894	70257	93873	54570	79555	48486	72984
Vermilion	2391	1246	159	1873	1371	7559	1200	1246	743	218	9801	2528

PARISH	2000	2001	2002	2003	2004	2005	2006	2007	2008	2009	2010	Average
Vernon	38520	48232	43421	46465	36051	39575	34316	48232	38000	43222	40886	41538
Washington	25730	16530	29030	22963	23097	23846	55508	16530	14222	13720	6845	22547
Webster	71772	43017	62732	88813	50042	43992	61672	43017	43530	40063	35785	53130
West Baton Rouge	12280	10916	9698	8599	8123	26553	29338	10916	22695	9755	7636	14228
West Carroll	9836	9593	16250	12093	11110	9246	6663	9593	4504	8450	2417	9069
West Feliciana	47749	44327	36555	40367	43471	33911	32206	44327	43407	39535	20092	38722
Winn	58948	54638	54620	74560	68883	78824	81048	54638	63678	43940	41780	61414
Total	1855489	1677526	1591935	1881213	1540130	1672159	1735489	1677526	1332389	1494779	1241980	1609147

ANEXO B - PRODUÇÃO DE RESÍDUOS AGRÍCOLAS POR FREGUESIA

Produção de resíduos de arroz (BDT) no Louisiana (2005-2011)

PARISH	2005	2006	2007	2008	2009	2010	2011	Average
Acadia	294082	216282	222781	293744	287220	311937	300992	275291
Allen	53176	30741	38320	38382	41511	52365	53201	43957
Avoyelles	50484	46410	47734	11472	60623	51260	47305	45041
Beauregard	8207	3290	4176	5194	6962	7378	4602	5687
Bossier	267	510	510	0	38	157	157	234
Caddo	0	0	0	0	0	540	0	77
Calcasieu	50565	23037	32739	27682	27948	44807	30241	33860
Caldwell	4022	3370	8882	8172	5315	4913	0	4954
Cameron	37289	10026	31656	31730	44090	49614	45658	35724
Catahoula	17448	7509	8596	12641	32268	28963	9197	16660
Concordia	50068	27864	35718	47161	58810	59963	48111	46814
East Carroll	59823	43698	22998	26328	34267	64624	10445	37455
Evangeline	164427	110839	121180	158890	152072	170590	153682	147383
Franklin	3481	0	0	0	12567	9459	483	3713
Iberia	3035	708	695	1425	1711	1878	3482	1848
Jefferson Davis	254419	175548	229689	264818	255810	294688	287462	251776
Lafayette	21497	14609	10440	10999	14141	14958	24109	15822
Madison	21689	21518	20049	19133	26083	39529	24844	24692
Morehouse	170721	87141	83651	106597	178910	235542	102121	137812
Natchitoches	14488	15270	30457	0	9973	13389	8630	13172
Ouachita	33638	29682	25751	32926	25438	34869	18433	28677
Pointe Coupee	4979	6575	7440	7857	9471	14522	5963	8115
Rapides	28581	31250	28447	3617	36150	36796	30886	27961
Red River	0	0	0	0	0	1298	1392	384
Richland	20850	16591	17830	20247	23904	31901	21157	21783
St. Landry	81270	61251	68496	79915	92894	101593	81753	81024
St. Martin	15435	12257	14934	19921	14628	15671	15214	15437
Tensas	6554	3085	5046	4976	11968	13173	4434	7034
Vermilion	230368	86512	170307	195007	149220	176679	161907	167143
West Carroll	24661	12179	12782	8645	13458	20757	14397	15268
Total	1725525	1097754	1301304	1437479	1627450	1903812	1510257	1514797

Produção de resíduos de soja (BDT) no Louisiana (2005-2011)

PARISH	2005	2006	2007	2008	2009	2010	2011	Average
Acadia	25618	54883	66970	92142	56567	59334	54199	58530
Allen	996	1324	1247	3853	4238	4161	3845	2809
Ascension	966	485	0	2576	2641	2588	1641	1557
Assumption	0	89	104	87	5620	3514	3264	1811
Avoyelles	86646	107653	106506	103261	116330	161921	134960	116754
Beauregard	2402	4077	7578	4502	3729	3737	1981	4001
Bossier	11465	13050	13522	11192	8685	7575	2237	9675
Caddo	7745	8203	6562	5966	7457	12179	6711	7832
Calcasieu	4686	0	6174	9243	6128	3922	8564	5531
Caldwell	6928	6464	2880	5313	3256	7552	5441	5405
Cameron	0	0	1241	2660	0	0	2983	983
Catahoula	75442	72985	33978	64806	66556	95457	60562	67112
Concordia	152137	93914	89499	97493	84419	146191	147860	115930
De Soto	1630	1572	2364	1119	794	491	556	1218
East Baton Rouge	604	0	0	0	0	0	1591	314
East Carroll	179185	175660	133857	133029	164818	262227	198619	178199
East Feliciana	739	1259	0	1141	1038	1210	1943	1047
Evangeline	12455	21575	29966	30265	35372	31326	43881	29263
Franklin	105193	72262	32763	68769	81275	99572	74168	76286
Grant	8356	12370	10753	8111	15798	10554	7699	10520
Iberia	5318	6214	8434	19262	17980	6790	11662	10809
Iberville	22263	16235	19753	15438	23053	25510	24559	20973
Jefferson Davis	8577	13681	27581	34907	22819	29428	27741	23534
Lafayette	6666	6808	7350	13453	14348	10143	12081	10121
Lafourche	616	0	0	199	1670	0	348	405
La Salle	222	194	131	172	373	637	748	354
Madison	133004	153788	92761	120418	106014	136636	139896	126074
Morehouse	106067	80766	59281	132882	78544	187105	184166	118402
Natchitoches	44931	34583	22127	23100	22861	25977	21904	27926
Ouachita	21593	18273	16723	27392	25223	31203	34766	25025
Pointe Coupee	175578	142481	135466	104681	169585	181669	124399	147694
Rapides	38187	57083	41375	33543	75957	72080	53964	53170
Red River	9132	7174	6728	8746	8962	7064	5444	7607
Richland	67945	40732	32174	43638	52835	73644	73084	54865
St. Charles	186	0	0	0	0	0	0	27
St. James	67	96	0	415	1763	2237	1491	867
St. John	1527	1488	1585	1161	2554	1288	1288	1556
St. Landry	105302	124185	128952	126758	159871	191473	166377	143274
St. Martin	8176	8949	10713	11597	16523	20145	18779	13554
St. Mary	4213	3579	4985	4773	8592	1451	4474	4581

PARISH	2005	2006	2007	2008	2009	2010	2011	Average
St. Tammany	626	336	268	268	0	0	0	214
Tangipahoa	336	0	0	0	0	0	1514	264
Tensas	42332	44630	59657	34800	81986	89291	51807	57786
Terrebonne	671	0	0	0	0	0	0	96
Union	0	0	0	298	0	0	0	43
Vermilion	7353	1772	4205	11235	13338	8991	22122	9859
Washington	0	0	0	0	0	0	3600	514
West Baton Rouge	22371	7107	7305	12043	18694	16279	20493	14899
West Carroll	88255	71996	63493	75634	87903	105440	104570	85327
West Feliciana	2133	3212	1807	2625	2507	1670	1566	2217
Total	1606841	1493189	1298821	1504965	1678671	2139666	1875548	1656814

Produção de resíduos de cana-de-açúcar (BDT) na Louisiana (2005-2011)

PARISH	2005	2006	2007	2008	2009	2010	2011	Average
Acadia	2516	2904	2148	2233	2496	2259	2186	2392
Ascension	21483	25173	28073	27408	26686	33745	32368	27848
Assumption	61513	69835	77499	75060	82492	64921	72489	71973
Avoyelles	24064	19435	20673	14722	13781	17013	13511	17600
Calcasieu	3983	2915	5061	2799	2389	3224	1489	3123
Cameron	408	0	544	0	0	43	0	142
East Baton Rouge	707	422	0	0	0	0	0	161
Evangeline	1020	1041	1431	173	90	89	292	591
Iberia	83548	88264	96179	98546	107423	106193	106570	98103
Iberville	55147	68060	71558	70081	78606	77026	76702	71026
Jefferson Davis	3899	3591	4527	4911	9863	8442	5253	5784
Lafayette	18715	20736	25017	22742	21515	22334	22204	21895
Lafourche	45828	52571	49006	46600	52649	41649	47030	47905
Pointe Coupee	47045	57226	70123	64827	73346	79153	79971	67385
Rapides	15585	18935	22542	21263	18403	16881	19091	18957
St. Charles	3456	3188	3111	2982	2478	2277	2140	2804
St. James	32193	39061	49254	43357	42963	48602	46147	43083
St. John	14034	13173	16179	13303	14593	12653	11576	13644
St. Landry	13525	17536	14612	9299	10214	13808	11735	12961
St. Martin	39575	51240	55768	52142	56864	50632	49049	50753
St. Mary	56686	51970	85398	71281	84265	67227	74222	70150
Terrebonne	13068	16225	19375	18304	18034	14256	15839	16443
Vermilion	31175	33281	47471	46293	48846	57047	55459	45653
West Baton Rouge	22984	28022	32201	26725	29786	29618	30913	28607
Total	612154	684802	797751	735053	797784	769091	776236	738982

Produção de resíduos de milho (BDT) no Louisiana (2005-2011)

PARISH	2005	2006	2007	2008	2009	2010	2011	Average
Acadia	0	0	561	0	508	0	0	153
Allen	0	415	590	502	511	541	579	448
Avoyelles	19695	8860	32240	13673	28810	22781	26469	21790
Beauregard	1051	2704	1813	1495	1472	1821	1373	1676
Bienville	0	0	2186	2186	1674	1502	754	1186
Bossier	10945	8370	5987	8778	4718	7903	6867	7653
Caddo	27813	32706	75055	40744	44423	69102	40131	47139
Caldwell	2760	2183	12468	7382	8078	9958	5172	6857
Catahoula	43548	36762	105048	57756	71313	39213	57057	58671
Claiborne	0	193	948	0	0	0	0	163
Concordia	30849	23000	132694	69840	55811	50706	70931	61976
De Soto	808	394	1036	579	904	577	165	638
East Baton Rouge	386	0	0	0	0	0	0	55
East Carroll	115944	112885	273185	0	109618	144160	198841	136376
East Feliciana	4101	3137	1916	1725	1312	1715	563	2067
Evangeline	1610	1153	3932	3496	2260	2533	1427	2344
Franklin	93306	87729	305920	229606	272131	251102	296160	219422
Grant	4815	3080	8409	2660	4155	3870	3183	4310
Iberville	1550	422	1522	892	1064	0	1648	1014
Jefferson Davis	0	6	0	0	0	0	0	1
Lafayette	1943	550	2148	1647	1546	1406	1650	1556
La Salle	0	1803	977	646	682	1223	826	880
Madison	133936	123510	406084	186209	196681	169885	191083	201055
Morehouse	102728	111552	392715	241650	236551	209407	208089	214670
Natchitoches	23189	9200	71185	42537	35718	28055	31295	34454
Ouachita	7336	10608	56142	31634	34050	27040	28401	27887
Pointe Coupee	39440	36283	53290	44981	46948	41556	42063	43509
Rapides	18352	15580	47956	22213	35935	30755	30421	28744
Red River	7469	4249	27055	26366	9895	11906	5301	13177
Richland	62417	72049	203934	143046	169695	141117	164052	136616
St. Helena	0	2146	0	0	0	0	0	307
St. Landry	27162	16744	36204	23539	16396	15236	29771	23579
St. Martin	30	9	0	0	91	70	62	37
Tangipahoa	0	1502	0	0	0	0	0	215
Tensas	121781	67655	229155	124061	165187	117786	103626	132750
Vermilion	0	0	0	0	0	0	10	1
Washington	0	429	0	0	0	0	0	61
Webster	603	400	768	284	0	858	569	498
West Baton Rouge	991	1126	971	791	937	1726	937	1068
West Carroll	40984	36755	118787	57042	65680	68140	63053	64349
West Feliciana	1972	2232	3906	2574	2822	7243	2479	3318
Total	949514	838385	2616785	1390535	1627574	1480892	1615004	1502670

Produção de resíduos de sorgo (BDT) no Louisiana (2005-2011)

PARISH	2005	2006	2007	2008	2009	2010	2011	Average
Acadia	14686	4690	10616	12190	3685	2794	2816	7354
Allen	469	0	0	0	0	33	35	77
Avoyelles	109326	126233	191887	125451	53638	59449	88258	107749
Beauregard	1175	2794	2313	559	525	416	1623	1344
Bossier	11342	447	0	793	696	696	514	2070
Calcasieu	0	0	978	1772	0	0	387	448
Caldwell	909	0	8820	4404	0	0	0	2019
Catahoula	37273	40165	273627	46709	39223	64099	52742	79120
Concordia	26042	27930	148385	19966	129330	17952	37056	58095
East Carroll	8045	7695	17125	0	132	0	4568	5366
Evangeline	1964	3890	13180	11595	3792	1155	7153	6104
Franklin	4093	1235	40958	6933	154	6996	3704	9153
Grant	1408	1411	4151	2988	2597	1574	1979	2301
Iberville	693	2021	5640	1156	1876	919	577	1840
Jefferson Davis	603	0	548	69	629	0	698	364
Lafayette	1672	846	512	118	254	440	241	583
La Salle	425	646	0	670	30	0	25	257
Madison	3828	6896	24362	5954	1383	0	5867	6899
Morehouse	7234	3192	77212	18266	4631	7071	11807	18488
Natchitoches	2171	1369	19387	8169	1726	1546	7560	5990
Ouachita	482	566	18246	11550	1435	1296	5968	5649
Pointe Coupee	17350	38019	70762	13344	3891	5008	5332	21958
Rapides	18878	22352	46946	16786	7503	12722	26786	21711
Richland	6860	10166	62384	8844	4975	3524	5427	14597
St. Landry	46595	71191	68051	45867	45601	20112	41468	48412
St. Martin	4602	3694	3369	3134	3000	1732	2183	3102
Tensas	6730	7375	18295	5654	1927	5008	17130	8874
Vermilion	2187	0	0	0	0	0	0	312
West Baton Rouge	729	1555	8352	349	478	0	0	1638
West Carroll	2302	2866	15120	2263	107	4348	2621	4233
West Feliciana	1091	82	681	82	0	117	0	293
Total	341165	389328	1151910	375637	313218	219007	334525	446398

Produção de resíduos de aveia (BDT) no Louisiana (2005-2011)

PARISH	2005	2006	2007	2008	2009	2010	2011	Average
Avoyelles	42	102	70	53	61	26	136	70
Beauregard	0	0	0	0	0	221	293	73
Bossier	86	86	86	204	18	23	19	75
Caddo	0	0	0	0	130	0	0	19
Caldwell	92	0	67	81	0	146	0	55
Catahoula	121	809	292	0	38	47	32	191
Concordia	1160	175	11661	3797	1950	7382	2553	4097
De Soto	0	0	80	0	0	0	0	11
East Carroll	41	28	36	0	12	0	0	17
East Feliciana	0	0	0	31	28	29	24	16
Franklin	598	413	247	318	350	501	551	425
Grant	330	498	0	242	225	0	0	185
Jefferson Davis	7	0	13	29	16	0	0	9
Lafayette	0	0	0	0	0	0	148	21
Madison	54	0	12	0	150	120	501	120
Morehouse	82	13	63	361	623	120	148	202
Natchitoches	0	0	0	0	113	93	56	37
Pointe Coupee	240	191	202	201	186	383	186	227
Rapides	0	0	0	0	0	317	0	45
Red River	0	10	45	19	16	0	0	13
Richland	1240	1010	100	63	0	170	166	393
West Carroll	958	300	362	541	590	281	608	520
West Feliciana	0	58	0	0	0	0	0	8
Total	5053	3692	13335	5939	4506	9860	5423	6830

Produção de resíduos de algodão (BDT) no Louisiana (2005-2011)

PARISH	2005	2006	2007	2008	2009	2010	2011	Average
Avoyelles	25684	37300	23276	9457	8325	9956	13161	18165
Bossier	1886	1921	1874	1060	985	844	2275	1549
Caddo	31608	43102	33569	14951	13694	25816	30737	27640
Caldwell	12315	12775	11919	4675	4289	5934	4567	8068
Catahoula	90240	106021	72872	30295	50288	40158	50976	62979
Concordia	64150	78216	57351	26217	32302	14964	34424	43946
De Soto	1335	1251	1394	778	681	794	329	937
East Carroll	62623	61058	29155	0	5829	6454	14987	25729
Evangeline	2061	2305	1633	803	264	1235	1170	1353
Franklin	88861	88803	51021	21662	19081	21219	39650	47185
Grant	3462	3438	1005	55	484	781	1170	1485
La Salle	454	75	395	0	289	359	1270	406
Madison	151818	120277	52403	26700	24663	49005	49907	67825
Morehouse	101113	97678	31793	16588	8602	13792	13404	40424
Natchitoches	12753	17780	9448	2469	3043	3529	6084	7872
Ouachita	23339	26853	14530	7374	4285	11476	11789	14235
Pointe Coupee	16602	22505	14761	4176	3633	5494	6881	10579
Rapides	27832	36815	22978	9427	12110	16901	19460	20789
Red River	9728	10844	4561	1923	1556	274	482	4195
Richland	63313	59502	17967	9073	7227	17544	23165	28256
St. Landry	3586	4684	2350	1225	1496	1208	1949	2357
Tangipahoa	0	0	0	0	0	0	643	92
Tensas	149039	172847	133771	65669	87527	89489	114450	116113
West Baton Rouge	0	0	0	228	0	0	0	33
West Carroll	28000	38095	8944	1274	875	1861	4799	11978
West Feliciana	330	517	0	80	62	0	0	141
Total	972134	1044662	598971	256158	291587	339085	447729	564332

Produção de resíduos de batata (BDT) no Louisiana (2005-2011)

PARISH	2005	2006	2007	2008	2009	2010	2011	Average
Ascension	3	3	5	5	5	325	5	50
Avoyelles	0	0	0	0	0	280	4	41
Caddo	47	61	47	47	47	3000	47	471
East Baton Rouge	0	0	0	0	0	0	1	0
Franklin	0	0	80	0	110	0	0	27
Iberia	8	11	16	24	19	2000	38	302
Iberville	5	0	0	0	0	0	0	1
Lafourche	17	22	21	19	21	1410	23	219
Livingston	82	51	61	53	53	14000	220	2074
Madison	0	0	0	118	0	0	0	17
Ouachita	2	3	6	0	0	0	0	2
Pointe Coupee	32	33	33	76	69	3960	64	610
Rapides	4	0	0	0	0	0	0	1
Red River	19	15	14	14	35	1875	31	286
Richland	0	9	5	5	5	0	0	3
St. Charles	19	17	15	10	14	1100	18	170
St. James	13	11	11	3	0	0	0	5
St. John	0	9	4	2	7	240	4	38
St. Landry	7	9	17	13	13	0	13	10
St. Tammany	7	7	6	6	3	350	8	55
Tangipahoa	13	18	18	184	30	1920	30	316
Terrebonne	25	22	18	19	24	920	15	149
Washington	12	19	17	17	3	1845	31	278
West Carroll	6	6	3	3	3	125	4	21
West Feliciana	5	6	8	1	7	4375	96	643
Winn	5	3	6	6	5	240	3	38
Total	331	336	412	625	477	37965	654	5828

Produção de resíduos de trigo (BDT) no Louisiana (2005-2011)

PARISH	2005	2006	2007	2008	2009	2010	2011	Average
Acadia	179	1206	4437	10380	376	533	2096	2744
Allen	0	0	0	289	505	0	979	253
Avoyelles	7723	7547	19769	29149	10131	9793	18870	14712
Beauregard	714	598	1864	1009	1028	1495	2509	1317
Bossier	6046	5890	5355	5822	3547	316	2570	4221
Caddo	2693	2840	0	5508	4819	482	0	2334
Calcasieu	0	0	1011	923	0	0	0	276
Caldwell	102	0	1262	3614	1550	206	3652	1484
Catahoula	4619	8012	17883	17967	13529	3454	19443	12130
Concordia	3477	3267	19404	20521	15153	3641	17287	11821
De Soto	0	0	78	304	868	0	0	179
East Baton Rouge	41	0	0	0	0	0	0	6
East Carroll	4012	1922	8699	18673	8847	957	13653	8109
East Feliciana	620	1059	0	1380	1147	0	1311	788
Evangeline	251	2582	4845	16301	1753	734	1728	4028
Franklin	22086	17644	38788	90985	32195	18677	61928	40329
Grant	2938	318	4933	1970	245	612	3264	2040
Iberia	252	184	1759	2428	1583	0	188	914
Iberville	5820	6641	8744	117	3365	792	4307	4255
Jefferson Davis	3534	4131	6885	3263	151	0	1178	2735
Lafayette	549	2076	0	4854	3435	661	3827	2200
Madison	2703	1269	2439	12533	5080	3955	14320	6043
Morehouse	10534	14293	28398	63058	30605	15335	41770	29142
Natchitoches	1978	1910	8513	13072	13922	1377	2808	6226
Ouachita	2294	2185	4900	9204	4322	2295	2393	3942
Pointe Coupee	45333	49106	75551	76492	40706	43802	56676	55381
Rapides	1599	1443	4047	6711	4471	4133	8080	4355
Red River	666	1915	3513	2611	2341	3128	6400	2939
Richland	14671	17065	37313	78797	34217	17543	41028	34376
St. Landry	11741	12754	34236	48606	21656	12080	25404	23782
St. Martin	2011	1808	4844	3768	691	951	1904	2282
St. Mary	0	0	513	1944	1133	0	0	513
Tensas	2230	2215	30599	44767	17211	20256	132	16773
Vermilion	0	0	0	2186	884	0	951	574
West Baton Rouge	3381	0	4302	6112	3532	1824	3545	3242
West Carroll	16596	19855	25780	49438	36731	12691	43771	29266
West Feliciana	1799	1280	1343	1411	1539	1005	829	1315
Total	183192	193017	412006	656165	323267	182726	408801	337025

Produção de resíduos de amendoim (BDT) no Louisiana (2005-2011)

PARISH	2005	2006	2007	2008	2009	2010	2011	Average
Morehouse	458	59	54	28	57	384	155	171
Richland	51	61	363	126	18	184	154	137
Washington	2	2	3	2	0	0	0	1
Total	512	122	420	157	75	568	310	309

Produção média de resíduos agrícolas (BDT) no Louisiana (2005-2011)

PARISH	Rice	Soybean	Sugarcane	Corn	Sorghum	Oats	Cotton	Potato	Wheat	Peanut	Total
Acadia	275291	58530	2392	153	7354	0	0	0	2744	0	346464
Allen	43957	2809	0	448	77	0	0	0	253	0	47544
Ascension	0	1557	27848	0	0	0	0	50	0	0	29455
Assumption	0	1811	71973	0	0	0	0	0	0	0	73784
Avoyelles	45041	116754	17600	21790	107749	70	18165	41	14712	0	341921
Beauregard	5687	4001	0	1676	1344	73	0	0	1317	0	14097
Bienville	0	0	0	1186	0	0	0	0	0	0	1186
Bossier	234	9675	0	7653	2070	75	1549	0	4221	0	25476
Caddo	77	7832	0	47139	0	19	27640	471	2334	0	85512
Calcasieu	33860	5531	3123	0	448	0	0	0	276	0	43238
Caldwell	4954	5405	0	6857	2019	55	8068	0	1484	0	28841
Cameron	35724	983	142	0	0	0	0	0	0	0	36849
Catahoula	16660	67112	0	58671	79120	191	62979	0	12130	0	296863
Claiborne	0	0	0	163	0	0	0	0	0	0	163
Concordia	46814	115930	0	61976	58095	4097	43946	0	11821	0	342679
De Soto	0	1218	0	638	0	11	937	0	179	0	2983
East Baton Rouge	0	314	161	55	0	0	0	0	6	0	536
East Carroll	37455	178199	0	136376	5366	17	25729	0	8109	0	391252
East Feliciana	0	1047	0	2067	0	16	0	0	788	0	3918
Evangeline	147383	29263	591	2344	6104	0	1353	0	4028	0	191066
Franklin	3713	76286	0	219422	9153	425	47185	27	40329	0	396541
Grant	0	10520	0	4310	2301	185	1485	0	2040	0	20841
Iberia	1848	10809	98103	0	0	0	0	302	914	0	111975
Iberville	0	20973	71026	1014	1840	0	0	1	4255	0	99109
Jackson	0	0	0	0	0	0	0	0	0	0	0
Jefferson	0	0	0	0	0	0	0	0	0	0	0
Jefferson Davis	251776	23534	5784	1	364	9	0	0	2735	0	284202
Lafayette	15822	10121	21895	1556	583	21	0	0	2200	0	52198

PARISH	Rice	Soybean	Sugarcane	Corn	Sorghum	Oats	Cotton	Potato	Wheat	Peanut	Total
Lafourche	0	405	47905	0	0	0	0	219	0	0	48529
La Salle	0	354	0	880	257	0	406	0	0	0	1896
Lincoln	0	0	0	0	0	0	0	0	0	0	0
Livingston	0	0	0	0	0	0	0	2074	0	0	2074
Madison	24692	126074	0	201055	6899	120	67825	17	6043	0	432724
Morehouse	137812	118402	0	214670	18488	202	40424	0	29142	171	559310
Natchitoches	13172	27926	0	34454	5990	37	7872	0	6226	0	95678
Orleans	0	0	0	0	0	0	0	0	0	0	0
Ouachita	28677	25025	0	27887	5649	0	14235	2	3942	0	105416
Plaquemines	0	0	0	0	0	0	0	0	0	0	0
Pointe Coupee	8115	147694	67385	43509	21958	227	10579	610	55381	0	355457
Rapides	27961	53170	18957	28744	21711	45	20789	1	4355	0	175733
Red River	384	7607	0	13177	0	13	4195	286	2939	0	28602
Richland	21783	54865	0	136616	14597	393	28256	3	34376	137	291026
Sabine	0	0	0	0	0	0	0	0	0	0	0
St. Bernard	0	0	0	0	0	0	0	0	0	0	0
St. Charles	0	27	2804	0	0	0	0	170	0	0	3002
St. Helena	0	0	0	307	0	0	0	0	0	0	307
St. James	0	867	43083	0	0	0	0	5	0	0	43955
St. John	0	1556	13644	0	0	0	0	38	0	0	15238
St. Landry	81024	143274	12961	23579	48412	0	2357	10	23782	0	335401
St. Martin	15437	13554	50753	37	3102	0	0	0	2282	0	85166
St. Mary	0	4581	70150	0	0	0	0	0	513	0	75244
St. Tammany	0	214	0	0	0	0	0	55	0	0	269
Tangipahoa	0	264	0	215	0	0	92	316	0	0	887
Tensas	7034	57786	0	132750	8874	0	116113	0	16773	0	339330
Terrebonne	0	96	16443	0	0	0	0	149	0	0	16688
Union	0	43	0	0	0	0	0	0	0	0	43
Vermilion	167143	9859	45653	1	312	0	0	0	574	0	223544

PARISH	Rice	Soybean	Sugarcane	Corn	Sorghum	Oats	Cotton	Potato	Wheat	Peanut	Total
Vernon	0	0	0	0	0	0	0	0	0	0	0
Washington	0	514	0	61	0	0	0	278	0	1	855
Webster	0	0	0	498	0	0	0	0	0	0	498
West Baton Rouge	0	14899	28607	1068	1638	0	33	0	3242	0	49487
West Carroll	15268	85327	0	64349	4233	520	11978	21	29266	0	210963
West Feliciana	0	2217	0	3318	293	8	141	643	1315	0	7936
Winn	0	0	0	0	0	0	0	38	0	0	38
Total	1514797	1656814	738982	1502670	446398	6830	564332	5828	337025	309	6773986

VITA

Anil Raj Kizhakkepurakkal nasceu em dezembro de 1981, em Manjeri, Kerala, Índia. Foi admitido na Faculdade de Silvicultura da Universidade Agrícola de Kerala (KAU), Índia, em 2000. A sua tese de licenciatura foi "Alterações das propriedades da madeira devido à irradiação gama em determinadas espécies de madeira tropical selecionadas". Após a licenciatura em 2004, Anil trabalhou no Departamento Florestal de Kerala, no Instituto de Investigação Florestal de Kerala e na Faculdade de Silvicultura da UAE. Em 2006, veio para os EUA para prosseguir os seus estudos superiores. Em agosto de 2008, obteve o grau de Mestre em Ciências Florestais na Universidade Estatal do Louisiana. A sua tese de mestrado intitulava-se "Oportunidades e desafios associados ao desenvolvimento da produção de energia a partir de biomassa de madeira no Louisiana". Concluiu o Doutoramento em Filosofia em Silvicultura e o Mestrado em Ciências Ambientais na Universidade Estatal do Louisiana em 2012.

Printed by Books on Demand GmbH, Norderstedt / Germany